图书在版编目（CIP）数据

新常态·新规划：非法定规划的创新和实践／李峰主编．
上海：同济大学出版社，2016.3
（理想空间；71）
ISBN 978-7-5608-6242-2

Ⅰ．①新… Ⅱ．①李… Ⅲ．①城市规划—研究—中国
Ⅳ．① TU984.2

中国版本图书馆 CIP 数据核字（2016）第 048190 号

理想空间
2016-03（71）

编委会主任	夏南凯　王耀武
编委会成员	（以下排名顺序不分先后）
	赵　民　唐子来　周　俭　彭震伟　郑　正
	夏南凯　蒋新颜　缪　敏　张　榜　周玉斌
	张尚武　王新哲　桑　劲　秦振芝　徐　峰
	王　静　张亚津　杨贵庆　张玉鑫　焦　民
	施卫良
执行主编	王耀武　管　娟
主　编	李　峰
责任编辑	由爱华
编　辑	管　娟　陈　杰　姜　岩　姜　涛　赵云鹏
	陈　鹏
责任校对	徐春莲
平面设计	陈　杰
主办单位	上海同济城市规划设计研究院
承办单位	上海怡立建筑设计事务所
地　址	上海市杨浦区中山北二路 1111 号同济规划大厦
	1107 室
邮　编	200092
征订电话	021-65988891
传　真	021-65988891-8015
邮　箱	idealspace2008@163.com
售书 QQ	575093669
淘宝网	http://shop35410173.taobao.com/
网站地址	http://idspace.com.cn
广告代理	上海旁其文化传播有限公司

出版发行	同济大学出版社
策划制作	《理想空间》编辑部
印　刷	上海锦佳印刷有限公司
开　本	635mm x 1000mm　1/8
印　张	16
字　数	320 000
印　数	1-10 000
版　次	2016 年 3 月第 1 版　2016 年 3 月第 1 次印刷
书　号	ISBN 978-7-5608-6242-2
定　价	55.00 元

编者按

和法定规划相比，非法定规划在编制内容，研究方法以及成果构成上更加灵活自由。我国的非法定规划兴起于 21 世纪初期，当时正是我国城市快速发展的阶段，计划经济体制下建立起来的传统城市规划模式难以适应我国城市快速增长的需要，于是概念规划应运而生。在当前经济转型的宏观背景下，城市建设也面临着转型，城市发展的新常态，更加需要非法定规划的创新，以适应城市转型发展的要求。本书希望能够以案例的形式，对我国非法定规划的发展进行系统研究，力求使读者能够对概念规划有一个全新的认识。

从国内非法定规划实践的发展来看，非法定规划的创新可以从如下三个方面加以创新和拓展：

1. 基于总体规划层面的非法定规划，强调在全局战略层面的研究和策划——战略型非法定规划；

2. 基于详细规划层面的非法定规划，强调对城市发展的某一方面问题（强度、色彩、风貌）或某一特定功能地区（旧城、特色风貌区等）的发展，进行有针对性，有目的性，目标明确的规划策划——目标型非法定规划；

3. 通过创新的规划技术手段解决城市发展过程中出现的新情况和新问题的非法定规划——问题型非法定规划。

本书收录有关上述三方面的非法定规划的案例和论文，力求探寻和求索未来的规划转型之路。

上期封面：

CONTENTS 目录

主题论文
Top Article

春去春又回，沉着准备而非悲观
——城乡规划行业迈步在稳中求进的路上

Calmly Prepare but not Pessimistic Waiting for the Spring of Urban and Rural Planning Come Back

彭坤焘
Peng Kuntao

[摘　要]　规划行业的低谷，是经济社会周期正常波动的一个阶段。回首近七十年新中国规划行业发展，经历了三个春天。当前的低谷，相比前两个春天，其实状况好许多。只是，规划行业面临经济减速、投资放缓等条件改变，以及上游与长周期特征，遭遇了需求端"去杠杆"与供给端"去泡沫"的双重压力，行业因此整体悲观。其实，城乡规划本身的价值创造能力远未释放，城镇化与都市化的刚性需求更是需要许许多多细致入微的工作，但我们在知识、能力与法定管理工具上尚有欠缺。春天终将重回大地，但不同于自然界轮回的是：社会界的周期从来都不会简单重复。因而，我们更需要沉着准备，而非悲观。

[关键词]　新常态；乘数效应

[Abstract]　The trough of the urban planning trade is a stage of the normal fluctuation of the economic and social cycle. Looking back to the development of urban planning trade in recent 70 years in China, which has experienced three spring of development period. The current trough, compared to the previous two spring, in fact, the situation have been better. But, the urban planning trade is facing economic slowdown, investment slowdown and other conditions change, and the upstream and long cycle characteristics, suffering the double pressure of a demand side and supply side, so that the urban planning trade has become pessimistic. In fact, urban and rural planning itself value creation ability is far from being released, the rigid demand of urbanization and urbanization is need many, many more nuanced work, but we are still lacking in the knowledge, ability and legal management tools. Spring will return to the earth, but different from the nature of the cycle is: the cycle of the social world will never be simple repetition. So we need to be prepared, but not pessimistic.

[Keywords]　The New Normal; Multiplier Effect

[文章编号]　2016-71-A-004

1.康德拉吉耶夫的长波周期理论
2.我国三十多年的投资周期
3.1995—2013年全国房地产开发投资额及增长速度
4.1998—2014年全国房地产企业购置土地面积及增长速度

　　万事万物，兴衰有序，轮回有道。自然界的草木枯荣，社会界的"周期律"，亘古如常。随着快速城镇化的"盛宴"消退，地方规划预算削减1/3到1/2。规划设计单位的新项目大幅减少，部分下降幅度超过50%，甚至一年都没有新项目，规划行业进入"清汤寡水"的日子。这些，大家感同身受，不由唏嘘感叹"无可奈何花落去"。于是，一些从业者转行，一些跨界，更多的仍在思索，在千百次地追问。从事前看，行业萧条似乎毫无征兆；事后解释却众说纷纭。虽然社会科学饱受"解释"与"预测"不对称的困扰，但我们总试图解释过去并预测未来，通过追求"确定性"来获得心理安慰。

　　对当前状态最简单的解释是行业进入"新常态"。然而，"新常态"难以严格定义，并且"新常态"只概括了现象特征，是用"现象总结"解释"现象"的同义反复，好比用"生病了"去解释"头痛"。也有人辨证地说，规划行业的以往十多年是一种非正常状态，现在回归"常态"。由于莫衷一是，我们需要更仔细地思索原因，尤其是审视规划行业的自身特征，以及反思规划行业的供求关系，并追问一下路在何方？

一、规划行业回归常态的缘由

1.凛冬已至——回望曾经的三个春天

　　回望近七十年的规划行业，历经了三个春天。第一个春天的主题是落实"一五计划"的国家意志；而第二春天则主要是改革开放释放了出口导向的工业化，经济市场化、行政分权化、土地的资本化等根本性变革得以牢固确立，主要的法定规划体系也建立起来；第三个春天肇始于1998年的积极财政政策，主题是强调投资导向的城市化，随着住房分配彻底货币化改革，土地财政显山露水，城镇化迈入快速轨道。在第三个春天里，快速城市化产生了对空间资源配置和再配置的巨量需求，并引发了城乡空间"碎化"为多个利益主体，进而推动城乡规划类型的丰富和需求量的急剧攀升，尤其是非法定规划大量涌现。

　　既然有三个春天，也就有凛冽寒冬。例如第一个春天之后的1960年宣布"三年不搞城市规划"，1965年取消城市建设户头，不再下达建设项目和投资指标。而第二个春天之后的冬天所持续的时间不

表1　　　　　　规划行业的三个春天

	时代背景	特征
第一个春天	1952年，第一次城市建设座谈会；1954年6月，第一次全国城市建设会议	落实一五计划的156个重点项目，以及694个建设单位所组成的工业建设
第二个春天	1978年，全面恢复城市规划工作；1980年，第一次全国城市规划工作会议；特区与开发区陆续成立	20世纪80年代初，第一轮城市总体规划编制；第一次全国城镇体系规划；1983年，控制性详细规划开始探索
第三个春天	1998年，积极财政政策，住房分配货币化改革；2000年，加快城镇化的意见；2001年，中国加入WTO	战略规划、概念规划等发展型规划涌现，大学城规划、行政新区普遍涌现；房地产业爆发性增长

资料来源：根据吴良镛先生、王凯等资料整理。

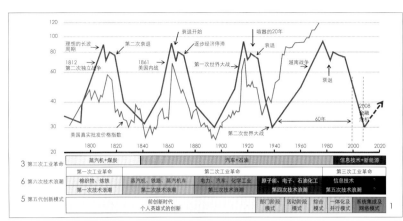

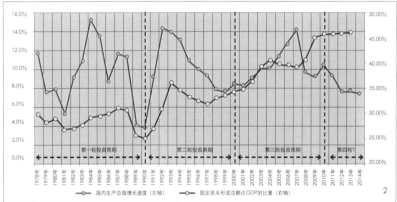

长，主要是我国迅速从1997年东南亚经济危机中挣脱出来。城乡规划在春天与冬天的轮回中，自身也不断进化，适应政策制度，适应市场需求，满足社会需要。在每一个春冬轮回中，我们见过多少"其兴也勃，其亡也忽"的规划类型，譬如大学城、临港新城、临空园区、总部园区、创意产业园规划等等，一时喧嚣之后重归寂寥。而规划前辈们，也给我们争取了行业能安身立命的法宝——"三证一书"。但也要清醒看到，"三证一书"都是增量扩张的管理工具，而"存量优化"将逐步成为城乡规划的主题，能否重现"盛宴"仍然充满未知数。

一些事物，从局部、当下看，会因身在此山中而迷茫，从长远时空观查，则会一览众山小。当前的行业低谷，是再正常不过的行业周期体现。俗话说，小富由俭，大富由天，而从长波周期角度可以加一句："巨富靠康波"。周期是历史经验的总结，其中，长波周期（康德拉季耶夫周期，简称"康波"）反映了通用目的技术重构经济体系的创造力，是技术革新与产能释放的周期，大约为50～60年。而长波周期内嵌套着小周期，包括"库兹涅茨"周期（20年，建筑业周期）、朱格拉周期（9～10年，设备投资周期）和基钦周期（3～4年，库存周期）。周期引发趋势变化，主宰着家国命运、个人沉浮。只不过，大部分时候，我们难以先知先觉，待到趋势变化清晰，却已后知后觉，往往为时已晚。

2. 回归常态的几个可能原因

曾经的三个春天，是再也回不去的美好时光。但今日的低谷，又有哪些原因？首先应该是整体经济增长速度从高速增长转为中低速增长。从增长速度上看，2014年国家经济增长速度（不考虑统计失真）已经下降至7.4%，相比上一个高点2010年的10.45%，下降了3个百分点。从经济速度来看，似乎难以解释规划行业项目下降1/3至1/2的严重态势。经济增速下滑，与规划行业遭遇的危机有点"不相称"，或者说"非等比例"。并且，固定资本形成总额占GDP的比重并没有明显下降，反而略微上升。

如果经济增速下降不足以完全解释，那么就应该寻找与规

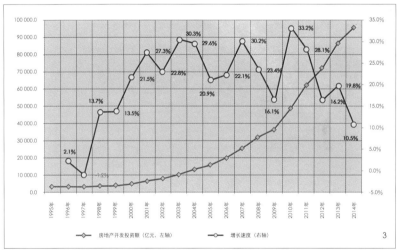

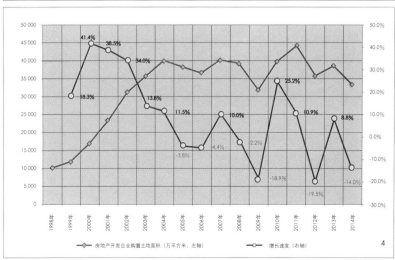

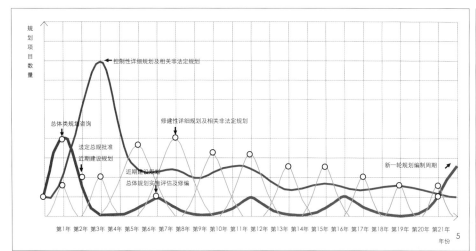

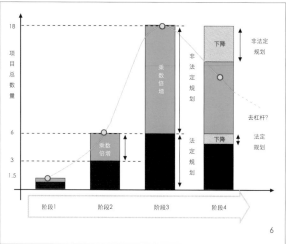

5.规划行业的长周期特征形成了固有的景气循环
6.规划项目的乘数效应

划行业更为相关的房地产因素。房地产业的后向联系着总体规划、控制性详细规划这两个主要的法定规划,前向联系修建性详细规划这个法定规划。它的景气周期深刻影响着规划行业的兴衰。

房地产开发投资额一直在稳步上升,只是增速下降,很难说明房地产业已经严重衰退,只能说从高速增长转为中低速增长。虽然在局部城市确实存在"鬼城"、"空城"现象(媒体上有中国的房子可让34亿人居住的说法,姑且存而不论),但从总量数据上,难以断定房地产业已经全面萧条。

从房地产企业购置土地的面积看,从2003年至2014年,每年购置的土地稳定在350km²左右,但增速波动较大,2014年负增长14%。但是,购置土地的负增长也不足以完全解释当前的规划低谷,因为在2005年、2006年、2008年、2009年、2012年都出现了负增长,但当时对规划行业的冲击并没有今天这么大。当然,购置土地的负增长,会恶化地方债问题,促使融资平台的收缩,自然会降低对规划项目的需求。

可以说,仅从国内生产总值增速、固定资产投资、房地产业投资、房地产业购置土地面积等方面,不能完全解释规划行业项目下降1/3至1/2的严重态势。那么还需要分析规划行业自身的特征,可能才比较完整的理解这个冬天的原因。

3.规划行业的长周期特征

规划行业具备典型的长周期特征。在杨小凯的新兴古典景气循环理论中,只要属于完全分工的经济模式,就会存在固有的景气循环周期。长周期行业不能自由转换到短周期行业。规划行业的需求来自官方需求与市场需求。这两者都具备长周期特征。

根据城乡规划法及相关法规规章,分析三种主要的法定规划类型,可以大致确定规划行业的长周期的特征。①总体规划的长周期。城乡规划法明确规定总体规划的法定编制期限是20年,因而在初期会有大量针对总体规划的规划研究项目,以指导总体规划编制。而总体规划的实施之后,需要编制近期建设规划,以及定期的实施评估,以及在重大条件改变的情况下,可能会修编总规。②控规的长周期。由于控制性详细规划必须依据总规,加上"控规全覆盖"的现实需求,一般在总体规划批准之后,会出现一个编制控规的高潮,但其数量会逐渐递减。单个控规的理论寿命是其规划范围内建设用地开发完毕。③修规的短周期。修建性详细规划大部分针对具体建设项目,其编制与实施的周期较短,但从长期看,跟随房地产业的景气程度而波动。

根据法律法规的理想化分析,可以得出规划行业20年一周期的特征,表明规划行业会存在固有的景气循环。但是,城乡规划不是发生在真空之中,周期可能会缩短,也可能会拉长。在具体地方,由于长官意志干预,规划的周期被缩短,即"一届政府一个规划"的弊病。而国家新型城镇化规划明确提出"一张蓝图干到底",那么规划行业的周期还会拉长。如果将依据法律法规推演出的规划编制周期作为"常态"的话,那么我们现在确实在回归"常态"。

4.釜底抽薪的规划项目乘数效应

第二春天里,规划行业走向了法制化道路,法定规划类型逐步确立,并在第三个春天形成了"城镇体系规划、城市规划、镇规划、乡规划和村庄规划"的体系,地方创设的各类法定规划也越来越多,例如"城乡总体规划"。从项目数量上讲,第三个春天,更准确地说应该是非法定规划的春天。由于法定规划的组织、编制、审批、实施的程序严格,而地方面对快速发展需求中的"不确定性",需要各类规划研究获设计廓清思维,而非法定规划则更加灵活、快速,也容易针对具体问题或聚焦具体目标,颇受各方青睐。

法定规划与非法定规划之间存在着乘数效应,或者说存在"杠杆作用"。一个法定规划项目的增减,导致非法定规划相应倍增或倍减。譬如:总体规划对应着概念规划、战略规划、实施检讨等规划研究类项目;分区规划(新版城乡规划法里没有相关表述)、概念性城市设计则是控制性详细规划的基础;各类设计竞赛更是修建性详细规划的前奏。同时,还有许多多试错性的项目,例如围绕开发商能顺利拿下土地,不知耗费多少个过程方案,让多少个设计院通宵达旦,让无数设计师肝脑涂地心血耗尽,只能以"甲方虐我千百遍,我带甲方如初恋"而自嘲,而最终落地实施仍是相对简单的法定修建性详细规划。并且，随着招投标制度逐步严格，每次非法定规划项目都有多家单位参与，更加倍增了项目需求。导致一个法定规划项目经常对应着少则四五个、多则十来个非法定规划项目。在行业繁荣岁月里，小县城的规划局办公室里都摞起一堆堆的规划文本。当然，乘数效应与规划范围内的发展"不确定性"成正比，一般总体类的乘数效应大一些，控规类的小一些。

借鉴城市"基础部类就业——非基础部类就业"的乘数模型，我们可以大致判断法定规划类型的丰富，乘数效应也出现放大。在只有1种法定规划类型时候，带来的非法定规划项目只是0.5个；而法定规划类型扩大到6种时，能够带来2倍数量的非法定规划项目，即非法定规划项目会达到项目总数的2/3。

法定规划是非法定规划的"沉淀"。而整体经济从高速发展跌落到低速增长，已经转变了地方政府的预期，造成法定规划类型数量减少，自然会出现非法定规划的倍减。从乘数效应中，可以看到"非等比例冲击"的实质在于规划行业自身的特征。

5. 非风动，非幡动，是心动

国内生产总值增速、固定资产投资、房地产业投资、房地产业购置土地面积、地方债等问题，深刻改变了规划行业的预期，使得规划回归自身长周期的"常态"，而乘数效应的存在，也使得规划一下子面临"去杠杆"，遭遇了整体经济下滑带来的"非等比例冲击"，加深了悲观的情绪。

人们依据预期作出判断和选择，而非当下的情势。这一波低谷，青年规划师们最悲观，转行或跨界的也较多。主因是青年规划师成长于第三个春天时，怀抱着乐观预期，而乐观预期一旦被证伪，失落感也会非常大。但对于经历过1963年后整个规划行业"归零"的老一辈，现在的状况根本不算回事。而即使现在所谓低谷，也比20世纪80年代的规划行业第二个春天要好得多。只不过，人心变了。60年代，大家都在低水准的单位福利制度下均贫，而80年代更是朝气蓬勃，虽然大体处于"短缺经济"，但充满希望，踌躇满志。而现在，青年规划师在生活的"亚历山大"下，在悲观的预期下，普遍呈现出焦虑不安。

二、"盛宴"之后反观规划的供求关系

对于规划行业，项目需求是分子，人才供给是分母。作为需求端的"分子"在急剧降低，供给端的

"分母"却难以迅速调整。这带来人均产值下降，体现为行业景气度恶化，造成普遍的悲观情绪。

1. 需求端急剧"去杠杆"

千需求、万需求，最终是人的需求。规划项目看起来是城市空间资源的优化配置，但究其根本是人的需求。只不过，规划项目需求不属于个体消费，而是集体消费的范畴。即城市空间的消费者是个体，但其生产提供却依赖于集体。这也就意味着规划项目的需求，受制于个体需求的传导：权威机制与市场机制。

权威机制与市场机制目前都遭遇了一定的"埂塞"。从权威机制来看，一方面地方普遍遭遇地方债务的困境，而土地价值变现遭遇低谷，地方提供集体消费的意愿也就大幅降低。同时，整体氛围转变，导致了"为官不为、懒政怠政"（李克强，2015年政府工作报告）。这使得法定规划不那么急需，自然就激活不了非法定规划的乘数效应。从市场需求来看，随着房地产业饱和，二三线城市的房地产处于"去库存"阶段，降低了对"修建性详细规划"的需求，也影响了后向联系的法定控规需求。

两个传导机制都出现了"埂塞"，导致了规划项目需求端出现了急剧的"去杠杆"。但也应看到，人们改善自身生活的刚性需求还在。不仅城镇化增量的历史任务尚未完成，现有城乡空间还需要大量细致入微的工作，或者都市化的任务还十分艰巨。可以说，相比发达国家的城乡品质，我国的广阔城乡不是规划设计过多，而是规划设计过少。只不过，人们对更好物质生活条件的客观需要（Need），尚不能转化为强劲的有效需求（Demand）。而如果有第四个春天的话，相信它的主题将是品质化。

表2　　　规划行业的刚性需求

	城镇化需要	城镇化的数量增长
刚性需求	都市化需要	城镇化的质量提升
	乡村品质化	乡村收缩与品质化
弹性需求	非法定规划	

2. 供给端缓慢"去泡沫"

人往高处走，水往低处流。城乡规划行业繁盛于"人口红利"时代，也受到"人口红利"的冲击。由于我国人口多的基本国情，只要存在高于社会平均利润率的行业，很快就人满为患。曾几何时，都需要向好奇者解释"城市规划"与"城管"的差别。但随着规划行业的高报酬特征逐渐广为人知，一时间甚而成为"显学"，从业者必然迅速膨胀，这也体现为开

设城乡规划专业的院校激增。但是，城乡规划的人才供给爆发性增长，缺少精细化分工，专业知识不牢固，不能很好适应城镇化的实践要求。加上在招投标制度下，经常出现"没有最低，只有更低"的杀价竞争，不可避免会出现"劣币驱逐良币"的结果。在规划设计费用高度压缩的情形下，设计单位只能追求短平快，高质量的规划设计也较少。行业也在这种浮躁作风下，逐渐沦落。

其实，规划人才的需求还十分旺盛，例如县级城乡规划主管部门十分欠缺懂行的管理人才，部分管理人员甚至连"法定规划"与"非法定规划"都区分不清。规划行业在于增值性。能否为国家及地方创造增加值？停留在纸面上画画的传统模式，注定要被抛弃。面向未来，规划行业需要提升自身主动创造价值的能力，以规划增值，以设计增值。

不过，供给端"去泡沫"是柄双刃剑。确实会使一些"沉淀成本"不高的人才退出劳动力市场。但如果在需求端采用"没有最低，只有更低"的压成本式要求，会造成"去泡沫"过程失效。这会导致大量高素质人才跨界转行，即出现"劣币驱逐良币"的恶化过程。

3. 回归城乡规划的初心

任何行业都会遭遇潮起潮落，在潮水退出的时候，才知道谁在裸泳。君不见，从首富到负债累累仅一步之遥，个人命运沉浮与个中滋味，更是让人唏嘘感叹。改革开放三十多年，我们见证了多少"眼见他起高楼，眼见他宴宾客，眼见他楼塌了"的故事。城乡规划行业经历了爆发性增长的十年，规划的未来需求只会渐进性释放。

过去，规划只创造了很小的价值，而在为社会创造价值方面，规划还远远没有发挥作用。未来的出路在于为城乡发展创造更高的社会价值与环境价值。如果一个行业不能创造价值，注定被抛入历史的垃圾堆。

规划行业只是遭遇一个低谷，但并非以后就没有希望了。或许，冬天更能让我们冷静思索未来的路，让只会低头画图的我们，能够从容地仰望星空，读读诗，看看远方。人生，就是这么跌宕起伏。当你踌躇满志，打算施展一番拳脚时，却遭遇劈头盖脸的冷水；当你心灰意冷，四顾茫然时，上天又会给你打开一扇门，和煦的阳光崭露笑颜；当你越来越顺，忘乎所以，奔向七色的彩虹时，又被门夹了脑袋……

天命靡常，唯德是辅。或许，回归城乡规划行业的初心，为改善城乡人居环境尽一分绵薄之力，可

能才是君子务本之道。

三、弱弱地追问路在何方

没有夕阳的产业，只有夕阳的企业。当前的冬天，积极一点看是旺盛需求"去杠杆"，人才供给"去泡沫"的过程。这个过程应该是慌慌张张、浮躁浅薄的规划逐渐消失，真正创造价值的规划显山露水的过程。规划行业只有提升自身创造价值的能力，才能迈上复兴之路。

1. 更加关注前沿技术

目前，谈论前沿技术绕不过"大数据"。虽然目前大数据技术主要是将大数据可视化呈现，但可乐观预期它可以重塑规划行业的相关技术标准与规范，也能证伪或证实城市模型，逐步丰富城乡规划策略的"工具箱"。

（1）基本技术标准的重塑：规划行业的许多配置标准，来自经验的提炼总结，本质属于小样本的归纳方法。大数据方法可以扩大归纳的样本范围，更深入的分析人的空间行为，会让许多技术标准更加符合社会发展实际。

（2）城市模型的证伪与证实：城乡规划学科的进步缓慢，其中重要原因在于"不可证伪性"。规划中的许多策略，即使谬以千里，只要包装得好，汇报得好，打动了领导，就能过关甚至付诸实践。这种"不可证伪性"使得规划学科饱受"伪科学"之害，最后只能依靠幸运才能避免严重后果。当然，大数据对城市模型的验证，也只能是"证伪性"的，不可能"证实"。但通过逐渐的数据累积，适时修正模型，并进行"回测"，让"频率"接近于"概率"。相信，这将是往真理迈进的一大步。

也要认识到，运用大数据得出结论的本质仍然是归纳推理，那么就有可能陷入将"频率"当"概率"的窠臼。大数据是一座金矿，能否提炼出高纯度的"小数据"，值得拭目以待。

2. 更加关注公共政策

城乡规划实践，不是在弱肉强食的丛林进行，也不是在与世无争的桃花源里进行。曾经，规划只需负责技术设计；曾经，规划为土地价值变现保驾护航，甚至鸣锣开道；曾经，规划成为所谓凝聚城市共识的广告代言人……而在利益高度多元化，以及维权意识觉醒并高涨的今天，注定面对更为复杂的社会博弈过程。我们既不能异想天开地指点江山，也不能怨天尤人而无所作为。未来，规划实践必然需要注重行政传导机制，改善在法律法规框架约束下的城乡规划作为。尤其，以"三证一书"为核心的城乡规划管理工具，是增量城镇化的法宝，而面对存量城镇化，我们欠缺相应的公共政策工具。当然，也有人并不认同公共政策的说法，认为公共治理更为恰当。但无论措辞如何，我们对于下一个阶段的任务，准备并不是太充分。

3. 更加关注社会人群

城市与乡村是人们诗意栖居所在，理所应当是我们安放灵魂之地，但过去的城乡发展过度追求效率，追求资本积累逻辑，背离了人类向往美好生活之初心。结果是，在城乡建设中，许多建设行为都是非人尺度，包括大广场、大马路、大公园等；许多新区新城选址过远，造成严重的"职住分离"问题，带来大量钟摆式交通和时间损耗；许多具有负外部性的项目选址不当，造成项目落地困难甚至引发激烈冲突；许多城市更新缺少充分的公众参与，诱发了社会关系紧张。如果不具备以人为尺度的专业视角，关注普罗大众的感受和需要，而以"见物不见人"的思维去认识这些事件，就会失之偏颇并谬以千里。因而，未来更关注人，更关注人群，更关注人的空间行为，关注社会联系与互动，真正实现以人为本。

4. 更加关注空间品质

城乡空间的品质是过去严重忽视的方面。而城乡规划与设计不能脱离场所，不能脱离文化传承，也不能脱离生态环境，需要注重人类与自然的和谐相处。构建更有品质的城乡人居空间，将是未来城乡规划的主要方向。

四、春天在路上

规划行业遭受整体经济下滑所带来的"非等比例"冲击，由规划行业自身的特征所决定。规划行业在冬天，可能需要适应社会平均利润率的现状，更需要提升自身创造价值的能力去迎接下一个春天。当然，"解释"规划行业陷入冬天的原因并不意味着可以"预测"未来，这是社会科学难以逃脱的致命缺陷。因为，对于人类世界的未来，唯一确定的只是不确定性。

冬天里，我们期待着"春去春又回"。中性些说，规划行业已经很萧条了，不能再糟糕了；正能量些说，规划行业已经基本趋稳。中性些说，规划行业整体比较迷茫，大家试着摸石头过河；正能量些，规划行业已迈步在稳中求进的路上。退一万步讲，只要还相信城乡规划的价值创造能力，我们就不应让悲观主宰。眼下要紧的，是反思过去，以思维升级引领未来出路，以工具革新迎接下一个春天。

冬天不可怕，可怕的是春天再次来临，我们还唱着古老的歌谣，缺乏新工具、新方法，那我们将错过丰收的季节，也辜负了我们在伟大城镇化实践中的历史使命。

春天已经在路上，它只会迟到，不会缺席！

参考

[1] 王凯：规划的春天．

[2] 王伟：城乡规划供给的数据．

[3] 上海外资设计公司裁员．

[4] 花高价，买想法？——对境外单位参与国内规划设计和国际招标热的评析．

作者简介

彭坤焘，副教授，重庆大学建筑城规学院，山地城镇建设与新技术教育部重点实验室。

"天时，地利，人和"

——概念性规划前期可行性研究的创新性实践与探索

Time, Geography, People
—Innovative Practice and Exploration of Conceptual Planning Feasibility Study

张 宁
Zhang Ning

[摘　要]　在城市化高速发展前提下，中国在取得巨大成绩的同时，也遇到了很多现实性的挑战和问题。法定规划在多重束缚与限制下，已经不能满足于新时代下的探索性规划。概念性规划应运而生。作为还在探索阶段的非法定规划，概念性规划的科学性和可操作性一直是业界关注的重点。本文将从概念性规划前期可行性研究的实践入手，将分析研究过程分为三个重要阶段，即提出问题并分析问题、寻求普遍经验、解决问题，在具体操作中，综合考虑研究对象的政府与市场背景、自身资源条件与发展潜力，追崇"共识"体系下独特的研究方式。

[关键词]　天时；地利；人和；创新

[Abstract]　With the rapid development of urbanization, China has achieved great success, but also encountered many practical challenges and problems. Statutory planning under the multiple constraints and limitations, has been unable to meet the exploration planning of the new era. Conceptual planning arises at the historic moment. As a non-statutory planning at the exploration stage, the scientific and operational nature of conceptual planning has been the focus of the industry. This article will start with the practice of the pre-feasibility study of conceptual planning. The research process is divided into three main stages: puts forward the problem and analyzes the problem, and seeks common experience, to solve the problem. In the specific operation, check the overall consideration of the research object government and market background, the resources condition and the development potential, to pursue the "consensus" system under the unique research methods.

[Keywords]　Time; Geography; People; Innovation

[文章编号]　2016-71-A-009

天时——指自然气候条件，本文引申为"时机"。立足实情，依托发展政府与市场经济背景，抓住机遇，伺机而动。

地利——指地理环境，本文引申为"资源"。尊重现实，因地制宜，才能最大限度地利用好优势资源，填补劣势与空白。

人和——指人心的向背，本文引申为"共识"。在市场与社会共识体系下，才能做到以人为本，民心所向，进而降低成本与阻抗值。

创新——突破旧的思维定式、旧的常规戒律。立足于现实条件，寻求规划方法、技术方面与制度方面的创新。

一、引言

改革开放以来，中国的城市化以人类历史上从未有过的规模快速发展，有力地推动了我国经济与社会的快速发展。近30年，中国相当部分城市全面进行了城市产业体系的建设；全面进行了城市建设更新与扩张——从城市住宅、城市基础设施、公共设施，到城市景观甚至城市文化；同时吸纳了大量的农业人口、新增人口，进而导致城市人口与空间都进行了大量的扩张。

当下的中国，各地都在轰轰烈烈地开展城市化进程，取得了显著的成绩。但发展速度过快，规模扩张越迅速，暴露的问题也愈多。我们没有规划、建设、管理、发展现代化大城市的丰富经验，还在发展的初期阶段，中国城市化依然面临着多重的挑战，尤其是被放在首位的规划工作。

二、概念性规划前期可行性研究的重要性

1.束缚与限制——现有类型法定规划所面临的问题

在法定规划中主要是总规和控规，在城市建设过程当中法定规划应起到主要的作用，但总规的尴尬往往是"总是过时的规划"，控规的无奈是"控制不住的规划"，说明法定规划存在问题。这两类规划是法定规划里做得最多的，比如控规强调覆盖，强调作为规划管理最重要的平台，控规的实施相关研究机构曾经做过统计，实际发挥的作用大概不到10%。

原因在于，中国编制法定规划的城市规划部门面临着以下一些问题。

（1）超过常规的尺度与速度。发展过于追求规模与速度，形式大于内容，形象工程泛滥，实际发挥效用不大。

（2）目标导向性的指导方针多为大量的跨越性发展意图。未立足于实际情况下，对规划阶段的发展定位过高，脱离实际发展能力，高估发展潜力。

（3）经济发展作为隐形的发展最终意图与发展最终约束。追求政绩型发展，为迎合政府发展需求，片面追求经济指标的增长，而忽略密切关系城市生产生活微观层面的一些服务性设施发展，致使日常生产生活的不便利性，影响城市的运作效率。

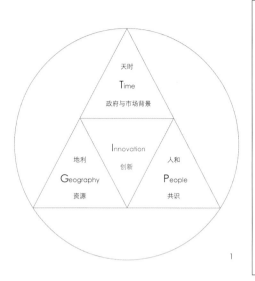

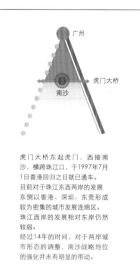

虎门大桥东起虎门，西接南沙，横跨珠江口，于1997年7月1日香港回归之日就已通车。
目前对于珠江东西两岸的发展东侧以香港、深圳、东莞形成较为密集的城市发展连绵区。
珠江西岸的发展相对东岸仍然较弱。
经过14年的时间，对于两岸城市形态的调整，南沙战略地位的强化并未有明显的带动。

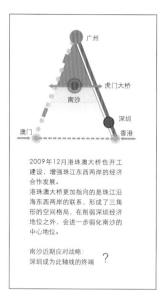

2009年12月港珠澳大桥也开工建设，增强珠江东西两岸的经济合作发展。
港珠澳大桥更加指向的是珠江沿海东西两岸的联系，形成了三角形的空间格局，在削弱深圳经济地位之外，会进一步弱化南沙的中心地位。

南沙近期应对战略：
深圳成为此轴线的终端？

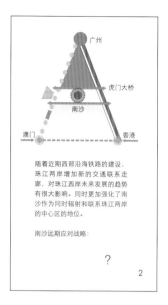

随着近期西部沿海铁路的建设，珠江两岸增加新的交通联系走廊，对珠江西岸未来发展的趋势有很大影响。同时更加强化了南沙作为同时辐射和联系珠江两岸的中心区的地位。

南沙远期应对战略：
？

1.天时地利人和
2.南沙在此背景下的发展轨迹与未来前景
3.区域协调发展策略
4.城市内部层面的发展理念
5.打造国际消费中心

（4）国家规划技术经验与支持体系的整体缺位。国家整体规划技术水平处于传统向新型转变的阶段，技术发展与实际经验发生错位，整体支撑体系较为薄弱，信息开放度不高，对新型规划及相应的规划技术形成制约。

（5）整体社会对于部分规划理念缺乏共识体系。中国城市规划领域发展虽迅速，但仍旧缺乏整体性、系统性和综合性，覆盖面虽迅速过大，但力度依旧不够。目前高校设置的规划型专业依然有限，发展道路依旧较为漫长；同时社会普及度和关注度仍然缺乏，引导和带动性不够高。

（6）缺乏经验的本地技术机构以及具有丰富经验的外来机构。

（7）每个城市都有自己的独特问题，独特的城市背景，城市经济；模式化套用成功模式只是"治标不治本"，并不能彻底的解决问题。

（8）过于模式化的法定规划和编制方式。循规蹈矩，难以突破上层次规划对其的束缚与限制。

2."破茧而出"——概念性规划前期可行性研究的缘起

总体而言，目前国内的规划体系中，缺乏一个具有创新性与突破性，能够独辟蹊径并打破常规的新类型规划，业界对此需求日益强烈。此时，概念性规划应运而生，其更强调对城市发展问题的诊断，发展

策略的研究以及政府行政、城市经营的建议，以作为城市法定总体规划制订或编修的前期准备。

概念性规划在编制流程和方式上少了诸多束缚，多了一些开放性和容忍度，更注重了思维方式的创新和对动态前沿技术的把握。这种特性造成了政府及规划部门为征集大量新颖优秀的方案而投入了大量资金，形成了一种潜在的资源浪费。由此而来，概念性规划的科学性和可操作性成为方案筛选的评估准则，而规划前期的可行性研究使这类评估得到了落实。

一般来说，可行性研究是以市场供需为立足点，以资源投入为限度，凭借科学方法，采用一系列评价指标进行综合评价分析，它通常处理两方面的问题：一是确定项目在技术上能否实施，二是如何才能取得最佳效益。

可行性研究报告涵盖研究对象的区域背景、产业发展、空间布局等各方面内容的综评，研究过程中需要充分的理论体系作为背景支撑，在充分学习和掌握国际规划经验事实背景的前提下，对研究对象个体的发展基础进行评估与判断，并给出未来发展的各种综合框架。而这就是这篇文章笔者要重点讨论的内容。

三、"正向探索"——多视角分析，发现问题并提出问题

分析研究过程中，对于事物或现象进行剖析最

简单的办法莫过于"正面直击"，开门见山，虽然会忽略一些细节问题，但从综合评估角度来看，整体效果较好、见效最快。

1."层层剖析"——多层面多视角分析

寻找核心问题、解决问题并提供可行方案，是我们进行前期可行性研究的宗旨和目标。核心问题的正确提出是制定战略发展目标的前提条件，而正确的制定战略目标是部署战略决策与发展计划的充要条件。

（1）寻找复杂环境中的核心问题

对研究对象的情势与资源做出判断，分析研究对象现时的发展背景、发展条件、发展目标，明晰三者之间存在的联系与矛盾，是可行性研究报告中需要执行的第一个关键步骤。寻找问题的过程，亦是一种分析问题的过程，基本上可从以下两个方面入手。

① 多层面尝试

具体而言，当我们对一个研究对象的背景和状况均不了解时，基本上都会从最表象的问题开始进行分析，一层一层往下挖，直到寻找出核心性问题；即是一个"去粗取精、去伪存真、由此及彼、由表及里"的过程，在普遍的共性中挖掘出研究对象的个性。这种方法其实耗时最长，却是一个抽丝剥茧的过程，问题找到了，基本分析过程也就完成了。这是最纯粹的分析方法。

例如以"广州市南沙新区总体概念规划项目"为例，做研究分析，我们会从全国层面、珠三角层面、广东省层面、广州市层面、南沙层面进行层层剖析，如同连环扣，每个环节都会牵扯出另一个环节的问题，从上至下，环环相扣，从国家的宏观政策引导到地方项目的具体落实。

珠三角层面的核心问题——东西两岸发展不平衡。珠江东岸已经达到湾区空间发展的一定极限，而西岸产业类型尚不支撑空间的进一步扩张，产业发展决定城市空间扩张度，城市的差异性进一步决定其空间扩张模式；而南沙位于东西两岸的中间地带，具备天然的作为枢纽结点的优势，因此在这一层面我们提出南沙的工作目标为，一方面成为珠江西岸的发展带动核心，一方面解决东西岸城市与产业发展脱节的问题，例如寻找东西侧产业的外延需求，并进行差异化发展。由此我们确定，在这一层面南沙真正的发展机遇在于成为珠三角东西两岸的联系枢纽，并应从基础设施节点的真正形成开始，进而带动整体珠三角区域的产业和城市发展，作为枢纽节点和产业带动节点。

广州层面的核心问题——作为珠三角层面的枢纽节点，南沙在广州市层面是否能够作为广州市的卫星城方式发展来承接中心城区的功能外溢。中心城市对于南沙的辐射，受到空间距离的极大限制，两者之间相对生态环境优美，人居空间巨大的番禺区，是另一形式的"蓄水池"。在现有南沙的诸多发展现状上，这一问题已经有所体现。仅仅作为广州市的卫星城，南沙难以达到其区域发展目标以及相应的理想规模。

综上，南沙作为一个新城发展的突破点可能是利用其区域性优势，寻找国家战略地位层面上的立足，形成中国的南沙。只有南沙不在仅仅是广州的南沙，才能够在南沙再建一个新广州，因此提出申请国家级新区的建议。目前制约南沙发展的因素很多，主要体现在以下五点。

a.中心城区产业与人口辐射能力有限；

b.城市建设相对滞后，社会管理制度在区域内不具有特殊竞争力；

c.现有产业类型较单一，且规模庞大；

d.现有产业外向化，受国际金融危机以及人民币汇率波动带来的出口贸易萎缩；

e.一方面人力、土地、税收等成本逐渐上升，一方面高端服务，高素质外部人口难以吸引，降低企业入驻意愿。

作为新区，我们提出南沙只有借自由贸易区的形式发展，才能突破行政体制、土地体制、科技创新体制、金融体制、涉外经济体制等方面的制约与束缚，实现创新性发展。

②多角度尝试

与第一种方法对应，这种方法的采用是要建立在对研究对象的背景和细节较为掌握和了解的基础上的；或在第一种方法的夯实基础上继续挖掘。这种方法，我们强调从不同角度（社会角度、政策角度、城市空间角度、产业角度、文化角度）看问题，挖掘核心问题。

例如，"罗湖区打造国际消费中心、总部基地和服务业基地

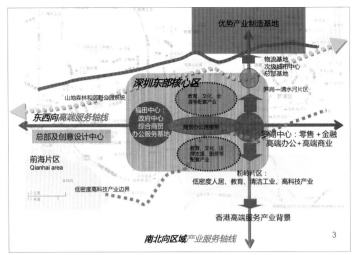

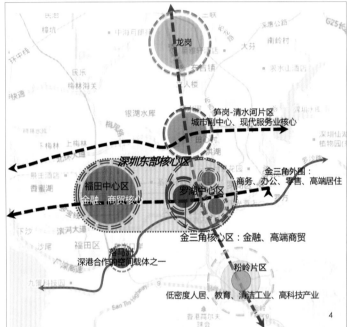

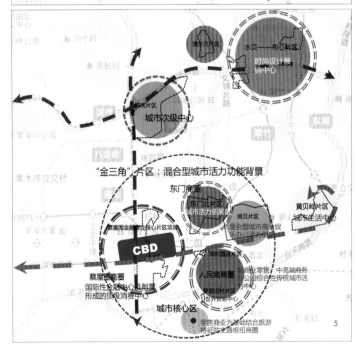

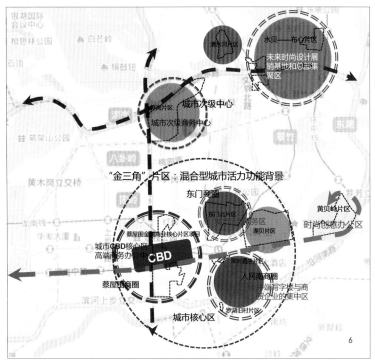
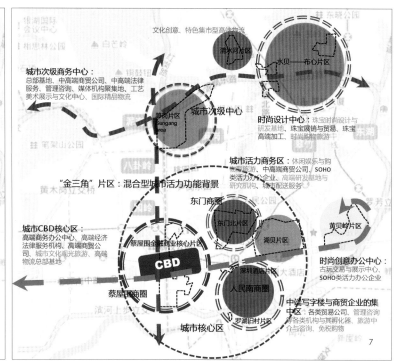

6.打造总部基地
7.打造服务业基地
8.复合型组团布：Frankfurt空港经济区
9.廊道型布局：Charles de Gaulle空港经济区
10.大型航空产业基地式布局：迪拜DWC
11.大型产业基地逐步拼贴式布局：首都机场空港经济区
12.模式A
13.模式B

产业业态规划国际咨询"这个项目，在整体的分析中，我们从几个视角进行问题的提出，并做出即时性分析和解答。

a.从社会角度，如果罗湖区要打造"一个中心、两个基地"，罗湖作为行政区域其综合发展定位应如何。正确的发展定位是战略部署与计划铺展的重要前提。

b.从政策性角度，分析在深港合作中，深圳要扮演的角色，以及在此基础上罗湖又要承担什么职能。从制度创新方面寻求罗湖发展的契机，尤其是在深圳市层面。

c.从城市空间方面，对深圳空间和功能迁移趋势做出判断，提出"深圳未来是否会发生空间与功能中心的强烈偏移"问题，罗湖在区域协调层面所发挥的作用。

d.从产业角度，提出罗湖区现在面临的产业类型、产业结构发展已然老化问题，以及如何在不放弃原有产业基底基础上发展新类型产业的问题等。

对于问题的解决方式，我们除了进行内部的分析研究（即大量的理论研究、案例分析研究、城市内部的发展策略研究），还会与相关专业机构进行交流，并进行部分内容的合作。

总体而言，大部分的实践性研究分析中，我们会结合上述两种方法，多层面下保留多视角，保持我们的研究特色。

（2）定性分析与定量分析——形成对核心问题、次要问题与相关问题的质量性与数量性的剖析

定性分析的实质是一个人工经验预判的阶段，而量化分析是这种预判的求证过程。

性质化的分析过程和表述更加开放化，揭露对象本质和内在规律，对其进行质量方面的分析。而定量分析在定性分析的引导下，主要从核心问题引申出的一系列次要问题和相关问题并进行数据上的对比分析。在大数据时代，量化的表达分析方式对城市规划更具有重要指导意义，对未来土地的使用强度、发展形态、产业总量给出更明晰的指标量度。

以"太榆科技创新城战略规划研究"项目为例，在太原晋中进行同城化的前提和背景下，我们从五大角度（即产业发展能力、科技创新能力、城市服务能力、空间资源储备、城市软环境）进行研究对象的潜力分析，分析太原、晋中两市在国家层面、华北层面、山西省以及太原都市圈层面的战略地位和各项发展水平，同时对比同等级或目标等级城市的相应条件，分析发展能级差，一方面验证城市本身的现有实力，一方面探究其可能的发展空间和上升潜力，同时对两个城市的长短板进行互补分析，给予两市取长补短结合性的发展建议。

2. 制订问题体系，设定规划目标

在提出问题、分析问题的过程中，逐步完善问题体系，结合研究对象的个性，重申核心问题与一系列次要问题、相关问题，并设定发展方向与战略目标。

四、"反向求证"——从综合分析研究中追寻普遍经验

1. 国内外相关理论研究

理论研究是一个支撑性的环节，亦是对国际相关学术理论和相关知识的一个前沿动态掌握，是我们进行前瞻性研究与分析的理论依据。一般而言，我们

会从功能定位、产业经济、区域发展、空间结构等方面详尽分析欧亚美等地区的理论派系，做出特征比较，并提出我们的理论观念。

2. 国内外相关案例研究

案例研究一直是我们做研究和咨询类工作的特色（国外有专门性的案例咨询机构），案例剖析的深度和层次是我们区别于其他研究机构的一个主要特征。我们寻找大量案例的目的，即是展现在这一领域各种规划经验支持下，该概念下的实际可能性发展方式，或对某一问题的解决阐释手段。

我们进行项目汇报的时候，甲方一般都很喜欢听这个环节，尤其是政府机构的领导，他们更注重的是国际化理念的搜集和积累。案例研究基本上是一个寻找普遍经验的过程，但同时也是在分析中了解其他案例是怎样解决或协调自身问题的，尤其是解决个性问题方面上，即我们强调的"求同存异"，大同时代的"不同音符"。毕竟闭关锁国、闭门造车的时代已经过去，知己知彼方能百战百胜，开放性、动态性的视角和态度，才是这个时代进行规划的关键。

（1）案例搜集、甄选与分类

研究者一般是带着目的去搜集甄选案例的，基本上在"正向探索"提出问题并分析问题的过程中，案例的搜索目标基本已现雏形。案例即是"反向求证"过程中对"正向探索"所产生问题的一个解答方式。

依据研究前期提出的问题，针对性地选取案例并进行筛选分类。以《广州空港经济区总体规划》的前期研究为例，案例选取方面，带着"我们要发展什么样的空港经济区"的疑问下，对卡萨达（D. Kasarda）提出的91个空港经济区进行了客运吞吐量分析，其中仅有43个位于全球100名之内，对于这43个空港经济区，我们基本上遵循了以下四类准则进行筛选：

① 围绕国际机场或门户机场而形成；

② 空间发展模式具有区域代表性又不乏独特性；

③ 客货运量、中转量等因子在对应大区域具有占比优势；

④ 组织模式具有阶段或区域性的发展特征，如自然形成而后控制引导，抑或整体有规划先行引导。

在进行初步研究和筛选下，我们选取了国内外的10个空港经济区案例，并从空间发展模式角度确定了四大类的空港经济区发展模式，即复合型组团布局、廊道型布局、大型航空产业基地式布局、大型产业基地逐步拼贴式布局。这种归类俨然不同于国内外专家学者（如约翰卡萨达（John Kasarda）、曹云春）等偏向于原始驱动力和经济视角的分类方法，我们的方法更偏重空间规划。

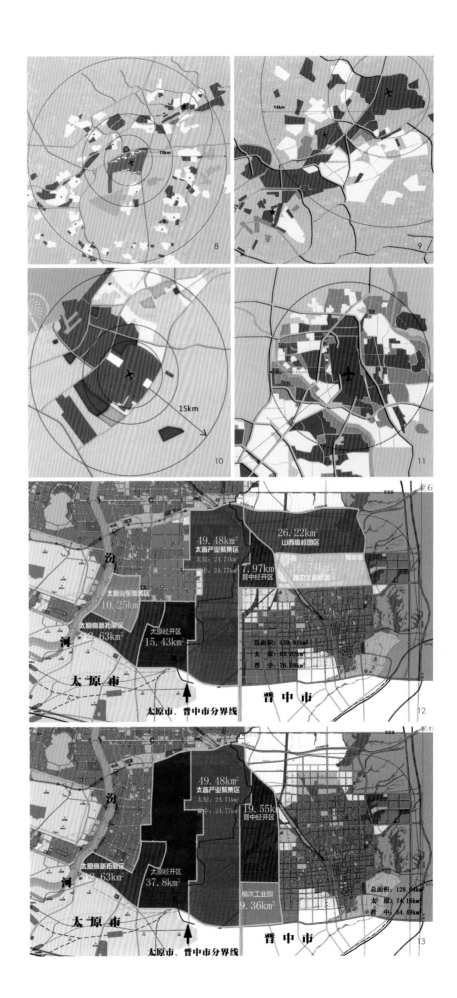

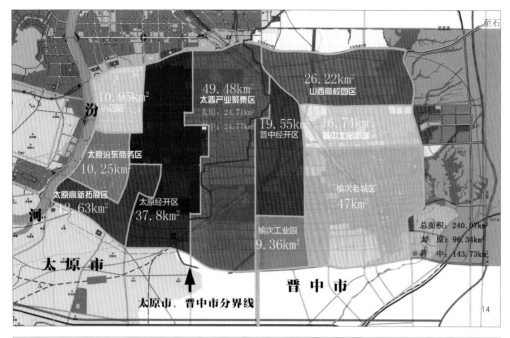

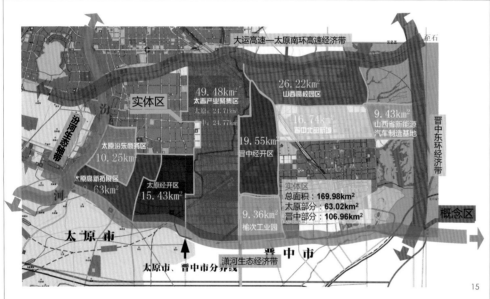

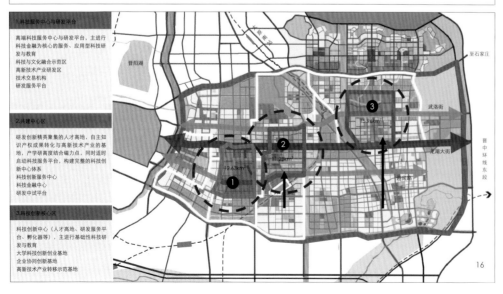

（2）案例分析——优劣势剖析、经验借鉴

在不同类别的个例中，对案例进行个性总结，并提取共性，对每个案例的优劣势进行剖析，借鉴经验和成功模式。

上述空间发展模式各自特征如下：

①第一种模式——复合型组团布局，以德国Frankfurt空港经济区为例。从整体层面来看，生态基底的大量存在以及在此基底上由商务、产业、生活功能形成的复合组团式布局是此模式的最大特点。其空间结构与区域交通结合较好，自然生态基底品质较高，复合型的功能组团确保了产业与生活、公共支持良好的结合。这种发展模式整体较为松散，但在单个组团中是实行高效集约的紧凑式布局，总体"形散而神不散"。因此，此模式比较适用于欧洲产业级别较高的城市，对于发展中国家中要求大规模产业空间及良好生活环境的城市具有一定限制。

②第二种模式——廊道型布局，以法国巴黎夏尔·戴高乐（Charles de Gaulle）空港经济区为例。此模式沿轴带蔓延发展特征明显——工业、商业、居住用地均沿重要交通干道集式分布，机场周边独立分区，临空经济区与城市核心之间以重要交通干道为联动轴式的轴带发展。这种发展模式功能布局关系清晰，产业布局侧重有利于重点建设及基础设施支持。但这种沿交通廊道形成产业主导的发展轴，将会限制主城区的生活职能及公共职能适度外溢。

③第三种模式——大型航空产业基地式布局，以迪拜世界中心DWC为例。这种模式在空—海港之间布局大型经济产业区、商业功能区以及居住功能，且机场周边生态环境良好，有大面积的文化娱乐休闲区以及旅游游憩功能区。此外，大型产业基地式空港都市区，机场周边进行大规模的开发重建，产业与主体功能配套服务设施大规模集中的特征，在两个案例中也相对应地体现了一定的共性。但对主要交通廊道利用程度较低，生态廊道较少。

④第四种模式——大型产业基地逐步拼贴式布局，以北京首都机场空港经济区为例。此发展模式基于现状，以机场为增长极点和产业带动内核，围绕机场进行拼接式开发，逐步形成覆盖性的功能组团片区；空港经济区的商业服务中心分别位于机场临空区以及与中心城市联系廊道的尽端。这种模式的优点在于后期发

展用地与现状用地功能结合较好，具有较好的适应性，同时以机场为增长极点有效带动周边产业发展；缺点在于土地利用强度较高，缺少相应生态背景，易造成城市盲目扩张。

（3）案例比选与总结

案例比选环节除了进行横向对比之用外，更重要的是要结合我们研究对象来给出最贴近的解决方案与思路，并与政府机构进行交流。考虑到国内不同城市背景环境下的空港经济区在不同阶段的发展特征，我们斟酌考虑提供不同的发展模式方案，以满足弹性扩张需求。

综上而言，理论综述与案例分析是研究类工作的两个基本点。但鉴于国内外相关理论的复杂背景与差异化细节，故理论分析仅作为分析手段之一，并非决策性技术手段。而以案例为核心的研究工作，为其实施工作形成了一个具有量化标准的空间框架。

五、"摸石过河"——立足于现状条件，大胆设想，多情景设定

在案例分析研究基础上，基本上对现时国内外的发展情况有了较为深入的了解。但对于可借鉴性经验，我们不能生搬硬套，既要立足于现状，又要大胆设想，因此这是一个较为艰难的"摸石过河"的过程。

1. "因地制宜、大胆设想"——设定多情景方案与模型

以现时相关政策背景（"天时"）、经验背景与现实基础（"地利"）为基底，未来需求为引导（目标导向型），以人文本（"人和"），提供多样化的发展情景与发展模型，这是我们做研究工作的宗旨和核心精神。

以太榆科技创新城为例，太榆科技创新城是在国家资源型经济转型综合配套改革试验区的大背景下，响应"中部崛起"的号召下提出的。占尽了"天时"之利，应时代需求，在政策驱动下形成，以实现"产业转型"和"区域合作"为目标。科技城范围横跨太原与晋中两市，是太原与晋中的接壤之地，涵盖太原小店区（南部新城）、晋中经济技术开发、山西省高校新区、榆次老城区，地区拥有大量未开发用地，资源禀赋优异，占尽"地利"优势。同时两市之间从20世纪90年代就已进行了同城化，因此两市在行动与意识方面已经达成了居多共识，占据了"人和"之利。

在此基础上，本着推助一体化进程和促进科技创新发展的原则，我们制定了三种合作管理模式下的空间供选范围和最终战略目标，为每一种方案制订相应的产业发展计划和功能布局模式，策划分阶段发展和项目推进策略，并对产业总量进行了多方面的预测。

模式A：协调发展，分管分治模式。

发展定位——以科技创新发展为主要带动力，以产业创新为先导、科研教育为驱动，生活服务配套发展的产业+科教型科技城。

模式B：采用实体管理模式。

发展定位——以科技创新发展为主要带动力，以高新技术为先导、现代工业为绝对性主体的产业提升型的规模性产业科技创新城。

模式C：行政兼并与整合。

发展定位——产城互融，以科技创新发展为主要带动力，以高新技术为先导、现代工业为主体，第三产业和社会公益事业相配套的大型综合性科技创新区域。

2. 对方案进行综合分析与评估

在对方案进行综合分析与评估的基础上，经过与甲方多轮的讨论与协商，最后我们与甲方共同为太榆科技创新城的发展推举了一种结合了政策区与实体区相互结合的发展模式，即以科技创新发展为主要带动力，以产业创新为先导、科研教育为驱动，生活服务配套发展的产业+科教型科技城。

太榆科技创新城政策区与实体区方案基本特点如下：

（1）空间结构方面，采用"1+2+N"模式，即一个共建区，两市共建；两个核心区，两市分管分建；多个功能园区，两市分别整顿管理。

（2）产业策划方面，提出"五大创新集聚基地"与"十大产业集群"，并以起步区为发展媒介形成"城中城"的先行试验发展区。

（3）管理组织方面，通过一个由省级政府派出的具有重大决策职能的统筹机构进行协调管理，而太原晋中两市在这样一个平台作用下实行分管分治模式，并在两市科技城范围内选取一个区域进行合作共建。省派出机构负责共建区的重点规划与基础设施协调。共建区衔接两市发展的核心功能区。

这个发展模式规避了行政区划调整的难题，又将两市的利益冲突及损失降至最低，整体投入一产出效益最高，是综合评估下的最优方案。

最终的决策层面，委托方与我们共同选择一个具有共识的未来与其相应的空间模型的模式，体现了以人文本原则下达成"共识"的宗旨。这种共识基础上选取的最优方案，实现了真正的创新性突破，既满足了实际需求，又拓展了发展弹性。

六、结语

中国现时段的规划工作，在打破陈规的基础上，大胆尝试和创新更需要建立在科学性的研究基础之上进行。概念性规划前期可行性研究是一项正在探索中的新任务，其对技术的掌握与应用处于动态更新状态。笔者所在的研究小组试图将这种研究划为三个环节（即提出问题与分析问题、寻求普遍经验、解决问题）。具体的研究方法和方式还需在接下来的实践中加以修改、完善。希望引发同仁的进一步思考，推进该项工作的进一步开展和深化。

参考文献

[1] 王唯山. 非法定规划的现状与走势[Z]. 规划年会自由论坛，2005.

[2] 汉城奥运会标志性运动场赤字高企，拟向中国售地皮[Z]. 国际在线，2013.

作者简介

张　宁，意厦国际规划设计（北京）有限公司，项目经理，城市地理信息系统硕士、城市规划硕士。

14.模式C
15.太榆科技创新城政策区与实体区
16.太榆科技创新城"1+2"布局

理想空间

专题案例
Subject Case
战略型非法定规划
Conceptual Plan Strategy

群岛型国家新区的空间发展战略
——舟山群岛新区空间发展战略规划

Strategic Spatial Planning of Archipelago National New Area
—Zhoushan Archipelago National New Area Development Strategies

刘晓勇
Liu Xiaoyong

[摘　要]　本文以舟山群岛新区空间发展战略规划为例，提出了群岛型国家新区的规划研究方法。规划从国家发展战略和地方发展诉求入手，研究了舟山群岛新区的城市发展定位，并运用资源—功能对应分析法，进行多种发展情景的比较研究，最终明确岛屿功能定位和发展策略。

[关键词]　群岛新区；战略规划；情景分析；功能定位

[Abstract]　This paper takes the Zhoushan islands new area space development strategy planning as an example, puts forward a new planning research method to the new area of islands. Planning starts from the national development strategy and local development demands, studying on the positioning of City Development of the Zhoushan islands new area, and using the resources and function correspondence analysis method, carrying on comparative studies of multiple development scenarios, and finally clearing the function localization and the development strategy of islands.

[Keywords]　New Area of Islands; Strategic Planning; Scene Analysis; Functional Localization

[文章编号]　2016-71-P-016

一、项目背景

2011年6月30日，国务院批复同意设立浙江舟山群岛新区，浙江舟山群岛新区是第四个国家新区，也是第一个以海洋经济为主题的国家新区，对于转变经济发展方式、保障国家经济安全、引领海洋经济发展，深化沿海对外开放等具有重要的战略意义。

舟山群岛新区范围与舟山市行政区域一致，包含定海区、普陀区、岱山县和嵊泗县两区两县，共有海岛约1 390个，陆域面积1 440km²，海域面积2.08万km²。2011年，中规院上海分院受舟山市政府委托编制了"浙江舟山群岛新区空间发展战略规划"。

二、协调国家战略和地方发展

1.舟山需要承担的国家战略任务

舟山群岛新区承担的国家战略任务主要体现在四个方面：

第一，建成中国大宗商品储运中转加工交易中心，保障国家经济安全。在相当长时间内，中国经济"大进大出"的基本特征仍将保持，尤其是长三角以

及长江沿线，对于石油、铁矿石、煤炭、粮食等大宗商品的对外依存度将维持高位。在全国沿海港口布局中，上海—舟山—宁波港群是长三角和长江沿线唯一的深水港群，舟山群岛已经建成全国最大的商品原油储运基地和铁矿砂中转基地、全省最大的煤炭中转基地，舟山港已成为大宗商品国际国内中转、江海联运枢纽，具有保障国家经济安全的重要战略地位。舟山群岛新区应发挥区位、岸线等综合优势，构建集中高效的国家大宗商品物流和资源配置中心。

第二，打造中国重要的现代海洋产业基地，引领国家海洋经济开发。在国务院对舟山群岛新区的定位中强调"舟山群岛新区是浙江海洋经济发展的先导区，中国重要的现代海洋产业基地"，浙江省十二五规划纲要提出"舟山是海洋经济强省建设的核心区"、"海洋经济参与国际竞争的核心区域"。现代海洋经济更加强调依托海洋资源、海岛以及深水岸线，发展海洋油气业、深海勘探开发、海工装备制造、海洋生物医药等海洋战略性新兴产业，在部分生产、研发环节对于深海环境和水深条件要求很高，需要依托海域、海岛进行空间布局。在这些方面，舟山群岛新区具备无可比拟的独特优势。

第三，构建东部地区重要的海上开放门户，促进全省对外开放。舟山群岛是国际国内物资与贸易的中转门户，2010年舟山港域石油及制品吞吐量占到全国6.6%，排名第五；金属矿石占到全国5.4%，排名第六；对原油的接卸能力达到长三角的近1/3；承担长三角地区进口铁矿石总量近60%的比重。这些都支撑舟山作为国际国内物资与贸易中转门户的地位。在此基础上，舟山群岛是中国深化改革开放、进一步设立自由贸易园（港）区的最佳选择。舟山群岛位于中国海岸线中点，背依长江三角洲、面向西太平洋，群岛型环境易于封闭监管，作为国家新区具有先行先试的政策优势，适宜作为自由贸易园（港）区的试点区。

第四，创新海岛模式，建设中国陆海统筹发展先行区。海岛是海洋经济的主要承载空间，但我国目前对海岛发展模式尚缺乏成熟经验。由于海岛一般分布比较分散，远离陆域腹地，用地资源紧缺，环境容量较小，且往往缺乏交通和市政设施支撑，因此，在海岛的开发过程中，不仅要重视海陆联动和统筹，也要注重保护与开发协调，更要按照海洋经济要求构建科学的海岛功能组织模式。舟山群岛新区拥有1 390

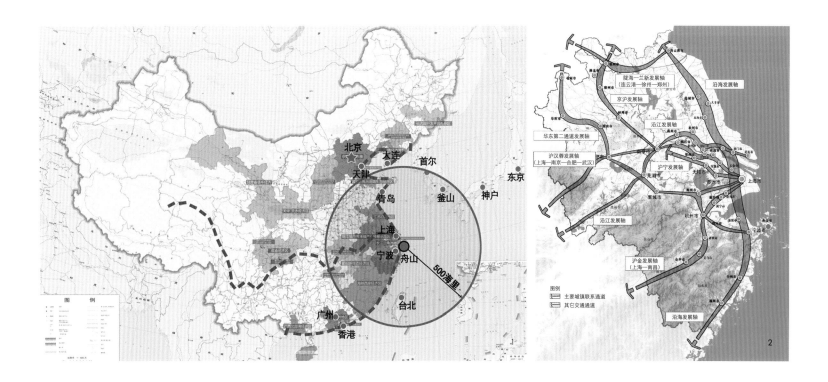

1.舟山在东北亚港口群中区位
2.舟山在长三角城市群中区位

个不同类型的岛屿,探索创新海岛综合开发模式,对于中国实施海洋战略具有重要的示范意义。

2. 地方政府的发展诉求

舟山承担着重要的国家战略职能,但这些战略职能更多体现在"国家仓库"的角色,对本地城市经济的带动和提升作用实为有限。而且,某些靠近城市的工业及物流项目甚至对城市的公共安全造成一定负面影响。

此外,舟山群岛新区拥有独特的海岛地形环境,产业经济的海洋特色非常鲜明,"港、景、渔"是舟山产业发展的核心。除了承担国家大宗商品的物流职能,其船舶工业和水产加工业作为两大优势产业较为突出。2011年舟山全市船舶工业造船能力达到1 000万载重吨,占全国比重10%以上,已经成为我国重要的船舶工业基地。2011年船舶工业占工业总产值的比重达到46.3%,占据主导地位。但是从船舶工业发展现状看,一方面,依赖深水岸线资源,以总装环节为主,市场、研发两头在外,面临日益激烈的区域竞争;另一方面,船舶工业产值的年增速从2006年的84%下滑到2011年的21.3%,产业增长势头趋缓。

水产加工业具有特色优势,但地位渐趋下降。海洋渔业及水产加工业是舟山群岛新区的传统优势产业,具有突出的区域地位。近年来,水产加工业发展规模和增长速度保持基本稳定,但在全市工业产值的比重从2006年的29.7%下降到2011年的8.5%。

舟山海洋旅游产业快速发展,2011年全市接待境内外游客2 460万人次,实现旅游总收入235.5亿元,分别较上年增长15%和17%,被批准为国家旅游综合改革试点城市和舟山群岛海洋旅游综合改革试验区。

3. 资源限制条件下的核心问题

首先,舟山群岛新区的核心资源粗放利用,空间开发绩效不高。从空间开发方式上看,浙江舟山群岛新区的一些大岛仍然在延续全能开发、自成体系的固有模式。但是,一些产业功能之间往往存在一定的矛盾冲突,而且对有限的用地和岸线资源产生争夺,一些低门槛的开发项目甚至破坏了优质战略资源的价值。另一方面,大多数小岛则以项目导向,普遍开发船舶制造、储运码头等项目。由于缺乏城镇服务和设施配套,这些项目往往局限在比较低端的产业环节和

层次,产业升级困难,而且对深水岸线和后方用地的利用普遍粗放低效。

其次,舟山群岛新区现状的空间开发方式,使得海岛的功能目标不清晰。不仅造成了单个岛屿的经济总量在全国不占优势,而且在专业职能、专项领域难以形成国家层面的战略地位。

三、发展模式创新

1. 发展模式:群岛多功能、一岛一功能

舟山群岛新区应转变空间开发模式,按照"群岛多功能、一岛一功能"的基本原则,面向现代海洋经济的产业组织要求,发挥岛群的资源组合优势,对产业功能、城镇服务、交通和基础设施进行统筹布局。

(1)群岛发展综合职能,各岛明确主导功能

舟山群岛新区拥有岸线、风景、海岛等丰富的优势资源,但这些单项资源并不具备全国层面的唯一性和垄断性,并不适合定位为单一功能岛,应将多个岛屿的优势资源结合起来,形成综合性功能的岛群。对于舟山群岛新区的各个岛屿而言,则应明确主导功

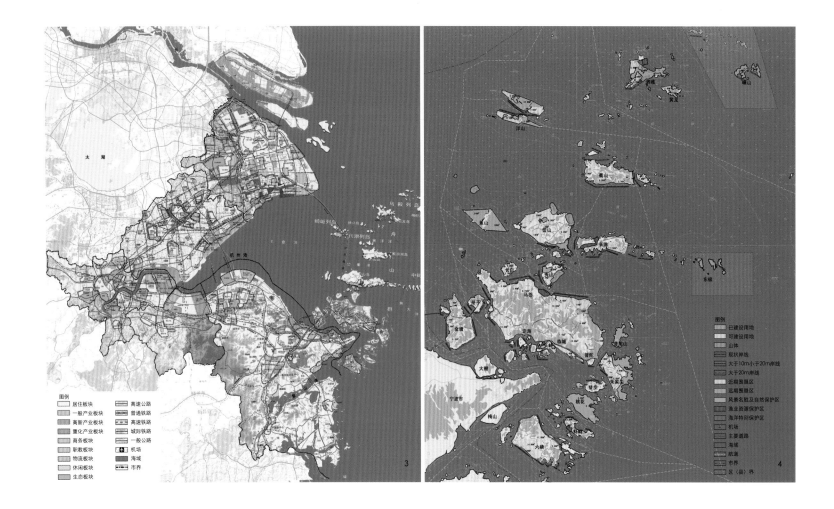

能。各个岛屿的主导功能越明确越单一，越能围绕主导功能配置核心资源和产业项目、制定针对性的政策措施，越有利于岛屿形成发展特色和战略地位。

（2）产业功能相对集中，并合理配置城镇和基础设施

为了适应现代海洋经济的发展要求，舟山群岛新区应按照核心资源特色、综合开发条件等，构建若干个产业功能区块，并配套服务功能和相关产业，形成职能分工体系。在现状城镇格局的基础上，根据产业功能区的就业岗位需求、综合服务要求，合理配置城镇空间布局，并相对集中的建设交通和市政基础设施，以提高设施服务效率。

（3）形成一批富有竞争力和战略地位的核心岛屿

舟山群岛新区的土地资源相对有限、生态环境比较敏感，并不适合以大规模产业扩张的方式进行全面开发，而是应该在海洋经济的关键领域、重点方向实现战略突破、确立战略地位。只有从国际物流、海

洋装备、海洋研发、海洋旅游、自由贸易等专业领域，形成一批特色鲜明、富有竞争力和战略地位的核心岛屿，才能充分体现舟山群岛新区在海洋经济方面先行先试、创新示范的国家战略地位。

2. 规划目标：四岛一城

在"群岛多功能、一岛一功能"发展模式基础上，舟山群岛新区的目标定位，一方面要承载国家战略的核心要求，另一方面也要充分考虑地方发展诉求和突出城市自身特色，规划提出"四岛一城"的目标定位，即国际物流岛、自由贸易岛、海洋产业岛、国际休闲岛、海上花园城。

其中，国际物流岛重点是构建更集中更高效的中国大宗商品物流和资源配置中心，保障国家经济安全；自由贸易岛主要是争取战略突破，成为国家对外自由贸易的空间载体；海洋产业岛重点是建设中国重要的现代海洋产业基地，促进地方经济发展；国际休闲岛重点是依托普陀山佛文化和海岛环境，营造国际

高品质的海洋休闲旅游目的地；将中心城区建设成为海上花园城，不仅承载新区的国际交往门户、国际创新和国际服务职能，而且有助于吸引专业人才和新兴高端产业。

3. 发展路径

建设群岛型新区，在国内尚无可以借鉴的经验和案例，规划借鉴新加坡的国际经验，对舟山群岛新区的产业选择以战略性、创新性、带动力和特色性为选择标准，重点推进海洋装备制造业、涉海商贸服务业、海运服务业以及海洋旅游业。优化提升船舶修造、水产品精深加工和贸易以及海洋捕捞和海水养殖业；战略性培育电子信息、海洋文化产业、海洋科研与海洋科研服务业；积极拓展海洋勘探开发业、海洋化工、海洋新能源新材料产业、海水综合利用业、海洋生物医药等产业。

新区建设实施的路径十分重要，近期重点建设提升大宗商品中转物流加工产业、海洋制造业、休

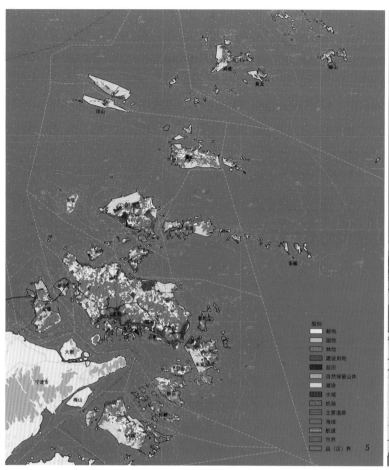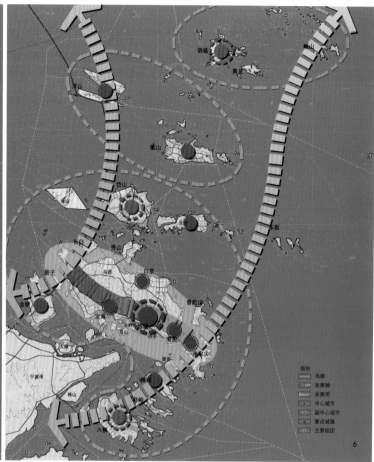

图例
耕地
园地
林地
建设用地
盐田
自然保留山体
滩涂
水域
机场
主要道路
海域
航道
市界
县（区）界

5

图例
岛群
发展轴
发展带
中心城市
副中心城市
重点城镇
主要组团

6

3.周边区域功能分析图
4.新区资源组合分析图
5.新区土地利用现状图
6.新区空间结构规划图

闲旅游产业，中期逐步培育发展贸易服务业，远期战略性培育金融等高端服务业、海洋高新科技产业和国际化休闲度假产业，并建设形成独具特色的海上花园城。

四、舟山群岛新区空间规划

1. 发展规模

舟山群岛新区的建设、新区发展的目标实现需要各类人才的支撑，新区设立之后会使常住人口实现快速的增长；但另一方面，其海岛资源环境的承载力也较为有限，还需要在承载能力和远景预留空间方面对发展规模进行校核。

从2000—2010年，浙江舟山群岛新区常住人口从97万增长到112.3万，年均增长1.5万人，年均增长率1.5%。空间分布上呈现"人口增长向大岛集中、产业带动对人口增长的作用显著"两大特征。

参照浦东新区、滨海新区经验，并根据舟山群岛新区的实际情况适当调整，预测按年均增长速度3%计算，2030年浙江舟山群岛新区总人口将达到200万人。期间年均增长4.4万人。舟山群岛新区人口密度从778人/平方公里提高到1 250人/平方公里。通过与资源承载力进行校核，并参考香港、新加坡的发展经验，舟山群岛新区可以承载200万人口，并能为未来长远发展预留空间。

2. 空间结构

舟山群岛新区规划构建"一体两翼三岛群"的空间结构。

（1）打造一体：海上花园城

以舟山本岛为中心，包括本岛周边的普陀山、朱家尖岛、鲁家峙岛、小干—马峙岛、长峙岛、定海南部诸岛等，以海上花园城、海洋装备产业、自由贸易、海上开放门户为主导发展方向。结合山、海、岛、湾景观资源营造国际品质的海上花园城市，结合中心新城区和小干—马峙岛建设中央商务区（CBD），依托舟山综合保税区、国际空港打造东部海上开放门户，设立国际物流园区、国际商品展示交易中心、离岸免税购物区，结合高端滨海景观环境发展国际邮轮港、休闲海湾度假区，结合中心城区和环境适宜的岛屿建设海洋科教研发基地。以海洋装备、高新产业为主导方向建设国家海洋产业基地。

（2）形成两翼发展带

"西翼发展带"由沪舟甬通道沿线的诸岛组成，主要包括大小洋山岛、衢山岛、大鱼山岛、岱山岛、秀山岛、大小长涂岛、长白岛、册子岛、金塘岛等，以国际物流、海洋产业为主导发展方向，是舟山群岛新区主要的产业功能和城镇发展带。本发展带是舟山群岛新区深水岸线和航道条件最优越、用地资源比较集中、区位最接近上海和长江口的区域，在规划建设沪舟通道以后，联系宁波、舟山和上海的区域大通道全面打通。本发展带依托大小洋山港、舟山综合保税区衢山片区、绿华港区建设国际集装箱枢纽港、中国大宗商品储运中转加工交易中心、江海联运枢

019

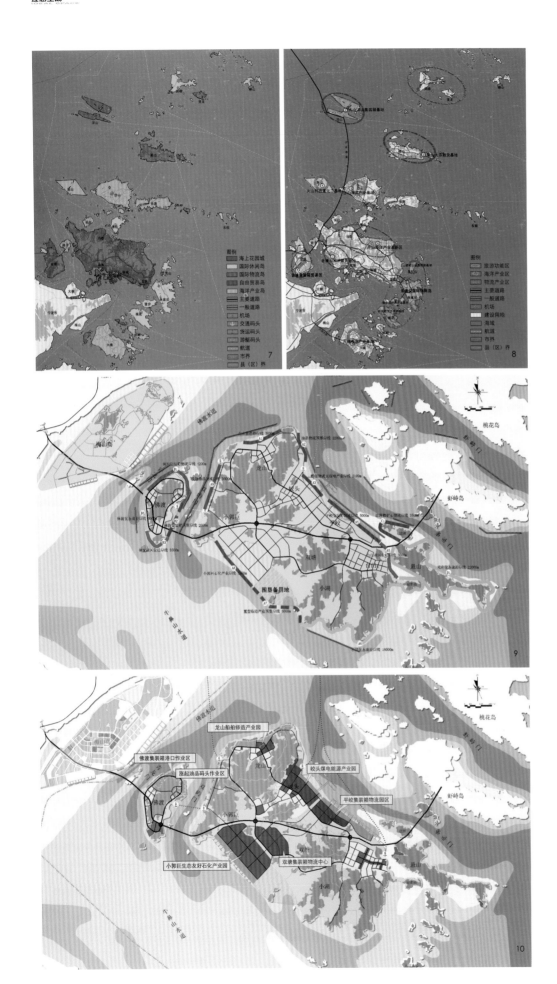

纽, 重点打造岱山岛—长涂岛国家级海洋产业基地、大鱼山海洋化工业基地、金塘岛物流贸易基地。

"东翼发展带"主要由普陀区诸岛以及嵊泗列岛组成, 包括佛渡岛、六横岛、虾峙岛、桃花岛、登步岛、普陀山岛、东极岛及周边诸岛、嵊山岛、枸杞岛、泗礁岛、花鸟山岛等, 以国际休闲、海洋产业为主导发展方向。这是舟山群岛新区高品质风景资源最集中、近岸大岛数量最多、国际知名度最高的区域。以朱家尖、桃花岛、登步岛构建海上花园城市的标志性地带, 依托普陀山国家风景名胜、桃花岛风景名胜区、东极岛打造国际高品质的休闲旅游区, 普陀山提升为国际佛教文化圣地, 佛渡—六横—凉潭—虾峙打造国家级海洋产业基地、大宗商品 (矿砂、煤炭) 储运中转基地。依托独具特色的风景资源发展嵊泗列岛生态休闲旅游基地, 培育海洋渔业基地。

(3) 构筑三大发展岛群

包括本岛及周边岛群、洋山衢山岛群、嵊泗列岛岛群。

嵊泗列岛岛群定位是国际生态休闲和海洋渔业基地, 预留战略储备、国际航运、产业发展的空间。

洋山衢山岛群定位是上海国际航运中心、贸易中心的核心区、国际集装箱枢纽港、中国大宗商品储运中转加工交易中心, 争取合作建成自由贸易港区。洋山—衢山岛群是长三角及长江沿线大进大出的、江海联运的枢纽, 战略地位和发展前景非常明朗。在空间布局中的关键问题在于功能定位需求与核心资源供给之间的规模匹配和空间对应问题, 包括洋山和衢山两个功能板块。

本岛周边岛群定位是国家海洋产业基地、海上开放门户、国际花园城市、科教研发基地、休闲旅游胜地。包括"一城四板块", 即舟山本岛花园城市、大鱼山岛—岱山岛—长涂岛—秀山岛板块、佛渡岛—六横岛—虾峙岛板块、金塘岛板块和朱家尖岛—桃花岛—普陀山岛—东极岛板块。

五、基于群岛型新区资源条件的规划方法创新

针对新区发展前景不确定, 功能需求与有限的资源供给之间矛盾的问题, 规划提出运用

资源—功能对应分析法，结合时间因素进行多种发展情景比较研究。

1. 功能定位明确的岛屿

对功能定位相对明确的岛屿，如洋山岛，关键在于研究功能需求与资源供给之间的规模匹配以及时间对应问题。

比如，对洋山岛的功能定位与发展规模（产业与城镇）的判断，根据分析，预测洋山港区的集装箱吞吐量2020年达到2 000万标箱，并继续增长。参照国际港口的经验数据，预测2020年洋山港区需要新增岸线长度10km，码头作业区面积约7km²，物流园区面积4km²，其他辅助功能5km²。

按照大小洋山岛的深水岸线资源、围垦用地计划，小洋山西港区建成后将可达到1 500万标箱，再需开发大洋山港区；同时，东海大桥设计通行能力上限为800万～1 000万标箱，需要加快东海二桥建设。但是，考虑到2020年以后洋山港区仍可能保持较快增长，因此洋山港区的用地和岸线未来将会面临紧缺，必须预先战略预留深水岸线和用地空间，而周边的嵊泗港区将是最佳选择。另一方面，洋山港区应当优先保障物流用地。集装箱港区并非劳动密集型就业，参考国际经验预计未来将拉动1.5万就业岗位，约带动2万人集聚。因此，洋山港区并不适宜发展大规模的新城，而是应依托现有洋山镇、小洋山综合服务中心提供对港区就业人口的综合配套生活服务，而生产性服务业则主要依托上海临港新城。

2. 功能定位面临不确定性的岛屿

对于六横岛、岱山岛、大鱼山岛等功能定位面临不确定性的岛屿，重点在于拟定多种情景方案，结合时间因素进行比较研究，最终明确岛屿的功能定位。

如对佛渡岛—六横岛—虾峙岛板块的分析，这一板块紧邻宁波港区，岸线航道优越，产业基础良好，但也存在多种发展诉求和可能性，尤其是对于化工基地的规划布局问题存在不同意见。因此，需要进行多种情景方案的比较研究。

（1）现状资源条件

深水岸线长度总量为43.6km，可利用深水岸线资源24.5km。其中，六横岛岸线总长85.05km，其中深水岸线（10～30m）长约34km。佛渡岛深水岸线总长7km，其中水深10m以上岸线3.9km，水深20m以上岸线3.1km。虾峙岛深水岸线总长10km，其中水深20m以上2.6km。

总陆地面积为130.675km²，其中城镇建成区面积约6km²。可利用土地面积总计约5km²。规划建设

的一、二期围垦新增土地面积19km²。

六横岛东南部海湾及周边小岛的景观富有特色，已开发龙头跳假日海滩、悬山岛铜锣甩度假村、台门港海上人家、砚瓦山假日岛等景区。虾峙渔港是一级渔港，虾峙岛盛产水仙、黄杨、桂鹃等名贵花卉。

（2）两种情景方案

方案一假设本功能板块突出主体功能——六横海洋制造岛。延长临港装备制造的产业链条，完善其产业体系，强化"一岛一功能"。以打造海洋产业制造岛的方式形成大规模产业开发，由此带动产业人口的规模化集聚以及城镇的规模化建设。通过预估，采用"装备产业园+龙头企业"的产业组织，可以实现近期约900亿元，远期约1 600亿元的经济规模。其城镇配套将采用"龙头企业配套+小城镇"的模式，龙头企业和小城镇的布局都相对集中，交通组织模式为"连通宁波的六横大桥+水上岛际交通"。

方案二则假设延续现有发展路径——六横综合产业岛。主要安排大宗物资加工、临港装备制造、临港石化等临港产业，以海水淡化及海水综合利用、海洋清洁能源为主的新兴产业，以及"水水中转"型的现代港口物流业。通过预估，采用"修造船园区+重化工基地+集装箱物流园区"的综合发展模式，未来近期可以实现约950亿元，远期1 200亿元的经济规模。其城镇配套则采用"结合各产业区就近配套+小城镇"的模式，产业园区和小城镇的布局都相对分散，其交通组织模式也采用"连通宁波的六横大桥+水上岛际交通"。

对情景方案比较的核心在于，是突出核心功能还是综合开发？综合比较，方案二通过化工等大项目推进，近期能实现更大的经济产出，但是石化项目的战略地位并不突出，而且存在生态风险和环境影响。相比之下，方案一突出海洋船舶和装备制造业为主导功能，产业特色更鲜明、战略地位更突出，经济产出和资源环境之间能保持协调，长远发展效益和潜力更大。因此，推荐应采用方案一打造国际高端海洋产业岛。

六、结语

舟山群岛新区战略规划的重点和创新之处，一是紧扣国家战略和地方发展的关系，优先控制和保护关系国家长远战略利益的资源，区分地方不同功能诉求对资源的需求，合理取舍布局和相对集中、集约高效地配置产业功能，提出了"四岛一城"的规划定位；二是基于舟山独特的海岛资源环境，提出"群岛多功能、一岛一功能"的空间开发模式，科学地认

识海岛的封闭性和可封闭性，利用其主要海岛成组成群、资源组合具有优势的特点，进行岛群分区，构建新区三大岛群；第三，对新区各个岛群和岛屿，运用"资源—功能"对应分析法，进行多种发展情景的比较研究，在功能定位相对明确的情况下，重点研究功能需求与资源供给之间的规模匹配以及时间对应问题，在功能定位不确定时，重点在于拟定多种情景方案进行比较研究，并最终明确岛屿功能地位。

参考文献

[1] 中国城市规划设计研究院上海分院. 浙江舟山群岛新区空间发展战略规划[R]. 2012.

[2] 郑德高, 陈勇, 王婷婷. 舟山群岛国家新区发展战略中的"央、地"利益权衡分析[J]. 城市规划学刊, 2012 (7)：1-5.

作者简介

刘晓勇，中国城市规划设计研究院上海分院，规划一所，城市规划师。

项目负责人：郑德高 陈勇 张晋庆

主要参编人员：刘晓勇 王婷婷 陈烨 徐靓 李英 陈雨 尹维娜

蓝色国土的产业与空间创新规划
——以法国斯构设计公司珠海万山海洋开发试验区概念规划为例

The Innovative Planning of the Blue Territory Industry and Space
—A Case Study of SCAU Concept Planning and Design of Zhuhai Wanshan Marine Development Experimental Zone

杨 璇 周 峰 汪 璟
Yang Xuan Zhou Feng Wang Jing

[摘　要]　随着国内外蓝色经济不断升温的趋势及中国新世纪海上丝绸之路战略的展开，对蓝色国土开发的重要性与影响力逐步受到各方关注。然而，蓝色经济区开发与大陆传统规划建设存在诸多差异，法国斯构设计团队在大量规划研究与实践的专业背景下承接了"珠海万山海洋开发试验区空间性概念规划设计"。文章分别在岛群产业职能、岛屿开发强度、蓝色国土利用、开发建设模式，以及海岛用地体系等诸多方面寻求适合于万山群岛的蓝色经济开发模式。

[关键词]　蓝色经济；蓝色国土；珠海；万山；岛群开发；海岛用地

[Abstract]　With the domestic and foreign rising trend of blue territory development and the implementation of Chinese Maritime Silk Road strategy in twenty-first Century, the significance and influence of the blue economy zoneare increasingly in the spotlight. However, there are many differences between the blue economy zone development and the traditional planning and construction. The SCAU design team undertake the, Concept planning and design of Zhuhai Wanshan Marine Development Experimental Zone, with professional background of a large number of planning research and practice. This paper is seeking a blue economy development mode suitable for the Wanshan islands respectively in the island group industry functions, the island development strength, blue territory landuse, development mode, the island landuse system and many other aspects.

[Keywords]　Blue Economy; Blue Territory; Zhuhai; Wanshan; Island Group Development; Island Landuse

[文章编号]　2016-71-P-022

1.区域分析
2.我国四大蓝色经济区
3.珠三角城市竞争
4.规划的多层面分析

一、引言——有别于传统空间开发模式的蓝色经济区规划

蓝色国土，又称海洋国土，是一个国家的内水、领海和管辖海域的形象统称。中国不仅拥有960万km²国土，还有300万km²的蓝色国土，其数字之大，相当于世界第四大国中国整个陆地领土的三分之一，蓝色国土所附加的蓝色经济日益成为一个国家或地区发展的重要增长极。同样，新时代的中国也提出了崭新的21世纪"海上丝绸之路"战略，这更将中国的蓝色经济提升到了一个新的高度。

蓝色经济区，是指依托海洋资源，以劳动地域分工为基础形成的、以海洋产业为主要支撑的地理区域，它是涵盖了自然生态、社会经济、科技文化诸多因素的复合功能区。近几年来，世界各国都纷纷提出蓝色经济区的建设概念，把握海洋经济发展新趋向，标志着海洋经济发展将实现新的突破。然而，蓝色经济相关地域空间的开发模式往往与广域大陆的开发有所不同，这主要体现在以下四个方面。

（1）产业职能：蓝色经济区往往以其得天独厚的地理资源条件优势，产业链多以海洋资源展开，空间特征在产业上反应尤为明显，所以其产业发展方向更具单一独特性，并不像大陆所能形成的多元化产业链。

（2）岛屿与岛群间的战略体系：地理条件的强制约束以及基础设施和资源条件的局限性决定了岛屿的开发必定是多以岛群作为单位，讨论岛屿间、岛群间，以及岛陆之间的多层次联系可能及开发模式，而无法形成大陆上点线面集中式大面域的传统开发模式。

（3）岛屿土地开发模式：对于岛屿的开发建设，不仅由于其常常有复杂的地形水文特征而导致了可建设用地的局限，更重要的是考虑对于海岛自身的保护，土地的集约高效并不和大陆上的高楼林宇划上等号，所以岛屿上的土地更显得寸土寸金。

（4）蓝色国土：有别于传统的水系只是被当作景观要素处理，岛群开发中，海域则从配角晋升为了主角，蓝色经济区的开发中不得不考虑海域，并且应该是首先考虑海域的有效利用。

珠海万山海洋开发试验区，是中国第一个地方性海洋综合开发试验区，拥有大小岛屿106个，所辖海岛陆地面积80多km²，海域面积3 200km²，其蓝色国土几乎为陆地面积的40倍。作为珠江三角洲乃至华南腹地出入南海，通向世界的咽喉要道。万山海洋开发区的发展不同于国内其他几个蓝色经济区，首先，万山群岛自身生态环境条件更优越，是唯一一个以海洋国土为主的区域，蓝色经济的发展可以更加深化；其次，万山蓝色经济定位更有前瞻性、国际性，规划启动晚，但起点更高，可以避免其他蓝色经济区大规模发展装备制造工业的老路；最后，完善背靠珠三角，紧邻珠港澳大都市群，有强大的消费群和强大的科研动力支撑。所以，蓝色万山的发展定位更偏重海洋高科技产业的发展，并且更生态更高效。

可想而知，万山蓝色经济区规划相较于一般的

规划模式存在有诸多困难与挑战,法国斯构设计公司团队在大量规划与实践的专业背景下承接了此次"珠海万山海洋开发试验区空间性概念规划设计"项目并顺利完成了设计任务,规划中所寻求如何适合于万山群岛的蓝色经济开发模式构成了这篇文章所阐述的主要内容。

二、国内外蓝色经济发展概述

1. 国际蓝色经济发展趋势——欧洲蓝色经济发展方兴未艾

欧洲的海洋经济发展主要体现在航运业。蒸汽革命后,世界航运业首先在欧洲萌发,至今,欧洲仍是世界航运业的老大,特别体现在航运,造船技术,滨海旅游和海洋能源生产等方面。自2010年12月至2012年8月,欧盟委员会为了明确蓝色经济的发展模式,出了一份《蓝色增长》的政府工作报告,该报告综合了之前已有的研究报告(蓝皮书)和正在进行的研究(大西洋战略等)。根据这份报告,欧洲有540万人在海洋部门工作,每年产生495亿欧元的增值,预计到2020年每年的增值将达到700亿欧元。其所延伸出的海洋能源利用研究热潮波及亚欧多国,不仅对海洋能源开发利用进行独立研究活动,同时致力于为其他测试中心提供咨询和援助。

可以看出,国际海洋经济门类系统中,海洋能源相关产业的开发虽然进展缓慢,但未来的收益不可估量。

2. 国内蓝色经济发展现状——发展薄弱但有良好的环境基质

我国现有四大蓝色经济区,分别为山东半岛蓝色经济区,舟山群岛新区,广东海洋经济综合试验区以及福建海峡蓝色经济试验区。

对比中国现有的四大蓝色经济试验区,我们可以发现山东蓝色经济区产业结构偏重传统产业的发展和改进;舟山群岛新区依托长三角经济圈,侧重发展物流和旅游产业,福建海峡蓝色经济试验区的建设还在策划研究中;万山区所在的广东海洋经济试验区则定位为发展海洋新兴产业、高端制造业、突出科技兴海战略。

三、规划思考——海上丝绸之路与新一轮发展引擎

1. "海上丝绸之路"所带来的城市竞争——万山开发区是否能从粤港澳的地理中心发展成为珠三角的经济刺激点?

万山群岛所位于的珠江三角洲经济圈是中国最发达的经济区域之一,是三大增长极之一,而其所属的广东省更是改革开放的最前沿。在转型阶段,21世纪海上丝绸之路战略将对珠三角的港口覆盖面、产业升级产生巨大促进和提升,其中便包括了万山群岛。同时广东也是华侨大省,独特的南洋文化与沿线国家和地区人文纽带长期不断,这个优势将很好促进万山群岛与21世纪海上丝绸之路战略良好结合。

在珠三角经济圈内,珠海和广州、深圳作为三大重要城市三

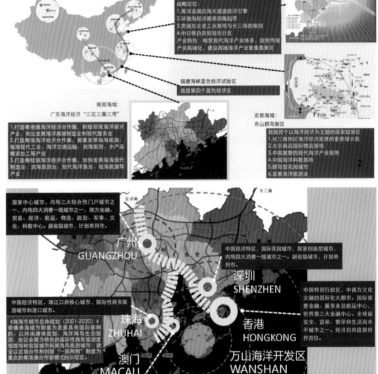

足鼎立。随着港珠澳大桥的修建，珠三角和港澳一体化进程将不断加速，万山群岛在粤港澳大珠三角的地位也将不断提升。万山开发区各种资源丰富，地理位置优越，又有国家南海发展战略和国家蓝色经济发展政策的支持，完全有潜力成为珠三角新一轮发展的刺激点，产业发展瞄准高精尖特四个字，成为珠三角新一轮发展的引擎。

2. "海上丝绸之路"所带来的新区竞争——未来万山开发区能否成为继广州南沙、深圳前海和珠海横琴之后第四位竞争极核

珠三角经济圈的发展在内部产业结构和各开发区的目标定位上需要统筹考虑，互相促进。因此，方案对珠三角经济圈内的三大开发区——广州南沙、珠海横琴以及深圳前海国家级开发区的发展定位和发展策略进行研究比对，将对万山海洋开发试验区未来的发展方向和明确产业定位具有经验借鉴的作用。

现阶段横琴开发区作为珠海市的发展重心依托临近澳门的优势，得到较快的发展，但是万山海洋开发试验区地处珠港澳地理中心，区位上更具优势，同时地用地规模更大，生态环境和范围内的广大海域都是万山开发区的潜在优势。

万山海洋开发试验区需要明确自身的产业结构、发展定位和未来目标，在珠三角经济圈内和南沙、前海和横琴三大开发区资源共享，同时进行产业错位互补发展。所以，产业定位的准确与否、目标职能定位的正确与否和对现状有限空间资源的精明利用与否是确保万山海洋开发试验区未来能够稳步持续发展的关键。

四、蓝色经济与蓝色万山——注重时效、叠合起继、放眼未来

此规划的出发点不单单是形成一个基于在总体有带动性的定位和概念之上、注重实效的规划方案，更是对已开始项目一并考虑、以便在有需要时对其进行调整的叠合起继的规划方案，甚至是作为以最先进岛屿和海域模式为参照、放眼未来的规划方案。

方案通过对岛屿初始状况、城建与经济规划、海洋发展总体概念规划以及岛屿尺度分区设计四个层面进行规划落实。也即是于前期衡量因素基础上对岛屿进行类型分析，在宏观尺度上研究珠三角地区都市体系和万山群岛自身功能需求，确定岛屿保护与完善增值潜力分析，之后便是通过蓝色经济相关定义梳理经济产业规划，并将之转译成空间语言，落实开发并应用于全局的规划方案中。同时，针对规划涉及的每个岛屿，方案确定群岛尺度的分区规划、岛屿尺度的规划设计、开发与公共项目落地以及建设的分期实施规划等四个方面，这些对于蓝色经济规划的完善统筹都是不可或缺的。

1. 蓝色经济与岛群职能规划

通过对国际以蓝色经济为主要产业的城市分析，研究总结出"蓝色经济"通常分为六个板块，包括：海洋（滨海、海上）旅游、海上交通与港口物流、蓝色能源、海洋矿物资源、水产养殖以及海洋生物科技。安永对万山群岛的产业进行了先期策划，将蓝色经济的各个板块综合为一个整体，致力于将产出型经济（工业和农业），旅游经济，文化和创新经济，住房经济和绿色经济紧密结合起来。鉴于不同功能区域的多个用途的冲突及其之间的不可调和性，万山群岛不能同时在各区域进行多个功能定位。并且，应同时考虑进入海岛间交通不稳定性及必要基础设施的缺乏。将海洋渔业及养殖业的发展与旅游业的开发置于同等的重要地位，为健全的蓝色经济体打下基础。

规划在国家宏观产业的大背景下展望捕鱼业与养鱼业的美好明天，以捕鱼业和养鱼业/贝类养殖组成未来的现代渔业，为万山区经济发展提供真正的潜力。规划将万山群岛定位为海洋资源和渔业资源开发增值的环保橱窗。面临自然界鱼类资源的过度捕捞，现代渔业必须过渡转化到新型捕鱼、养鱼模式和可持续发展战略模式。就环境而言，滨海地区的海洋污染需要更有效的控制。

规划通过对建设长期产业集群发展战略的探讨，总结出建立"蓝色生物科技"产业集群的必备条件，将完善群岛的产业功能开发分为三个阶段：首先依据现状可持续地发展渔业，谨慎地发展旅游业并坚持生态优先策略。继而发展海洋养鱼业和水产养殖相关技术的培训，建立科考站及实验室基地，拓展和培养高端生态旅游业态及客户群。第三阶段是鼓励在水产养殖、海洋生物学、"蓝色生物科技"领域进行创新和科研，建立高水平的科考基地、实验基地及生态旅游目的地。通过三个阶段的循序渐进式发展，万山群岛将发展成为蓝色生物科技为导向的蓝色经济领航区（蓝色生物科技集群）。

2. 岛屿局部开发与保护

产业规划中的功能概念与以城市规划为代表的

空间规划功能概念并不是完全一致的，进行空间概念规划，必然要求将产业职能依据空间规划，即依据城市规划的标准进行岛屿功能体系的确定。万山区产业定位将以海岛旅游为核心，以海洋高技术产业为战略先导，以海洋渔业为基础、海洋运输为辅助的产业组合体系。

而岛屿的开发模式也和大陆非常不同，岛屿面积较小，基础设施和资源条件有限，其空间规划应强调空间组群的合力优势，同时加强陆地对岛屿岛群的支持。在开发过程中尤其需要注重生态环境的持续性，优化岛群功能，实现空间和功能的相互促进。

通过对世界上众多著名海岛进行研究，归纳海岛特性，海岛用地发展模式，得到一些经验性的数值，同时进一步研究分析，总结出符合国际惯例的适合海岛的先进用地分类模式的各项海岛控制指标。此项研究将对蔚蓝万山的建设有借鉴和指导意义。

数据研究表明，一般情况下，各类生态环境依然能够保持岛屿自然原生态的海岛，其用地开发程度都比较低，建设用地占整个岛屿面积的比例平均值约为4%，多数岛屿不超过10%。

考虑到万山群岛已经有一定的建设用地基础，在规划的多期开发中，方案依据上述岛屿的开发经验，确定控制指标，这些指标不仅包括常住居民人数与居住面积、非常住居民人数与居住面积、商业办公及蓝色产业相关的面积，而且也计算建设用地占岛屿面积比例等。规划近期确保万山区整体建设用地与岛屿面积比例的平均值为4%，多数岛屿不超过10%，这主要是根据万山群岛的现状建设用地量确定的。而在远期，这个数值的平均值将在8%左右，不超过10%，单个岛屿的开发也多在15%以下，在对万山群岛的蓝色经济产业空间有一定的开发前提下，确保万山岛屿整体的自然原生态。

3. 蓝色国土开发与利用

蓝色国土的开发主要围绕在产业相关海区以及航线交通两个方面展开。其中，产业方面的蓝色国土从传统规划中的配角跃升为主角，主要职能依托海域资源，尤其是作为前期引导产业的现代渔业，这使得方案从规划的角度上不仅仅需要关注陆地（岛屿）上的产业空间布局，更要从更高的层面注意在更大面积区域上的空间落实。当然，蓝色国土的开发不会仅仅局限在单一的渔业养殖上，未来万山海区将包括海洋科考区、海洋动植物保护区、海上运动区、海上垂钓区等等，各海区功能在岛群间相互独立，在整体上又相互关联，成为前述各岛群职能产业构成主体，与岛屿上的产业空间布局紧密相关，共同发展。

而在交通方面，岛际之间的交通严重缺乏，岛群之间交通只能依靠快艇或渔民自有船只解决，成本较高。现状的海岛航班只能满足海岛居民的日常生活，远不能满足海岛旅游

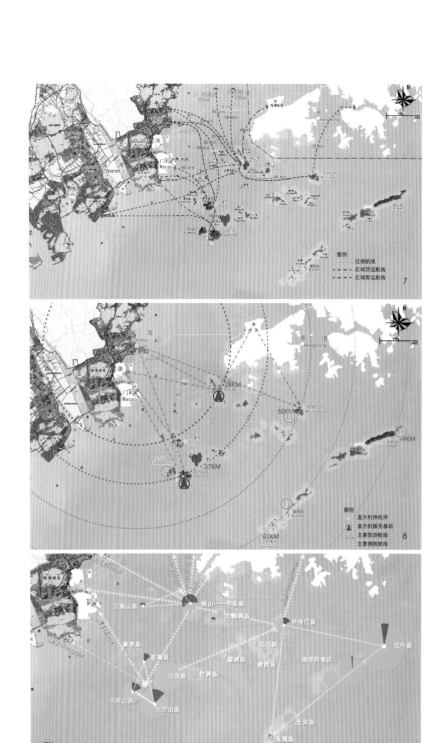

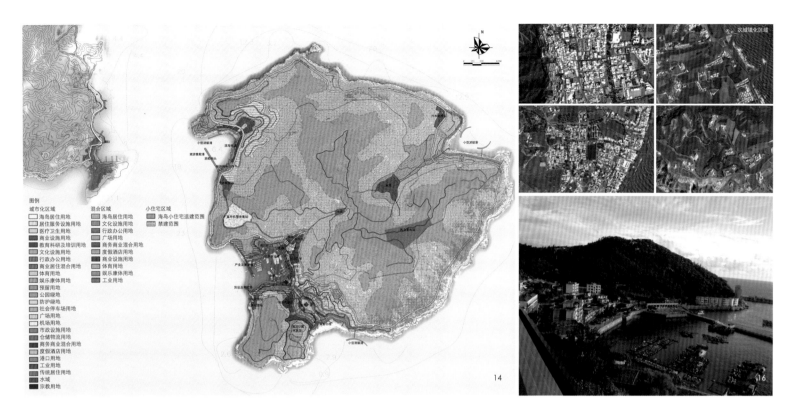

11-13.大万山岛空间风貌规划效果图
14.大万山岛用地规划图
15.海岛用地分类研究图
16.大万山岛现状图

业的发展需要。因此本区域的综合交通规划将着重提升万山区的客运能力，同时结合多种交通模式共同发展，为万山区的生态海岛旅游和海洋高科技产业发展提供通达性保证，而区域交通系统建设也着重于以下三点。

（1）加强港口及航道建设，提升万山区在沿海客运航线中的服务等级；

（2）完善客运交通结构，改变单一的客运结构，配合以游艇、快艇等多种方式相互配合的客运模式；

（3）对海岛新型交通方式的尝试，建设海底通道、跨海大桥、直升机组群等。

所以，不同于陆域上的公共汽车、地铁等交通线路规划，万山区的交通规划主要集中在海洋航线与各岛的港口规划上，包括客运船、客货运船及货运船的航线规划及客运港口、游艇码头规划等。并且根据直升机的持续飞行时间和岛与大陆以及岛屿之间的距离因素，使直升机的飞行距离覆盖到万山海域全范围；其余主要岛屿设置直升机停机坪，直升机服务基站需要保持足够的燃料储备，以满足香港、澳门和珠海的直升机游览和救援的需要，逐步形成完整的航空交通体系。

4.岛屿建设模式

考虑到万山群岛中各海岛的不同优势和特征，每一岛礁、岛群与海域都具有一定的特有的环境背景，因此在空间开发上提出分为三个岛群三角的组合开发，亦即空间和时间上三个层面的开发模式——近期的桂山岛群，中期的大万山岛群和远期的外伶仃岛群。

在这三角岛群划分原则的基础上，万山区分为三个层面的三角岛群，各岛群的开发与产业的定位紧密关联。三个岛群划分为近期重点建设的桂山岛群、定位为中期发展的大万山岛群和远期潜力储备的外伶仃岛群。根据分期发展的理念，依据现状地理环境资源和现状社会经济发展的不同特点，同时考虑到战略上保持未来发展潜力的合理开发模式，规划在各岛群产业规划中设置合理及高效的产业组合。

同样，仅仅讨论海岛的建设用地比例对于岛群的开发也是远远不够的，方案创新地寻求适用于海岛的用地分类模式，通过对诸海岛的研究（表1），我们得出如下结论。

（1）海岛用地按城市化度和密集度可分为：城市化区域、混合区域以及小住宅区域，各自拥有不同的建设用地比例，且三者之间建设用地比例约为4:3:3。

（2）海岛规划的主要特色将体现在小住宅区

表1		国际海岛空间研究			
岛屿名称		圣托里尼岛	热浪岛	拉迪格岛	马斯蒂克岛
岛屿面积（km²）		96	25	10	5.7
建设用地（hm²）		1 595.24	136.75	146.90	19.18
其中	城镇密集区	684.57	40.75	76.90	4.11
	次城镇区	910.67	96.00	70.00	15.07
建设用地所占比		16.62%	5.47%	14.69%	3.36%
其中	城镇密集区	7.13	1.63	7.69	0.72
	次城镇区	9.49	3.84	7.00	2.64

图例
城市化区域
□ 海岛居住用地
□ 居住服务设施用地
□ 医疗卫生用地
□ 商业设施用地
□ 教育科研及培训用地
□ 文化设施用地
□ 行政办公用地
□ 商业居住用地
□ 体育用地
□ 娱乐康体用地
□ 预留用地
□ 公园绿地
□ 防护绿地
□ 社会停车场用地
□ 广场用地
□ 机场用地
□ 市政设施用地
□ 仓储物流用地
□ 商务商业混合用地
□ 度假酒店用地
□ 港口用地
□ 工业用地
□ 传统居住用地
■ 水域
■ 宗教用地

混合区域
□ 海岛居住用地
□ 文化设施用地
□ 行政办公用地
□ 广场用地
□ 商务商业混合用地
□ 度假酒店用地
□ 商业设施用地
□ 体育用地
□ 娱乐康体用地
□ 工业用地

小住宅区域
□ 海岛小住宅适建范围
□ 禁建范围

域，划定小住宅区域但并不严格设计各住宅的位置和形态，可以在独特的海岛建设指标控制和指导下，沿着山坡或盘山公路自由设计建设，以尽量保持海岛发展的特色。

所以，对于各岛屿的空间规划方案，在保证原则上不突破规划指标的基础上，方案试图打破传统用地分类标准中的用地类型在海岛开发上的局限，方案具体在用地上的创新在下章节会以大万山岛为例进行阐述。

五、万山蓝色三角岛群主要岛屿空间规划——以大万山岛空间规划为例

1. 大万山岛现状

大万山岛在万山群岛中位于珠江口外最南端，8km²的海岛面积仅500多的户籍人口，常住人口也只有1 500人，岛上居民大多以捕鱼为主，因此，岛屿现状主要功能为城镇型海岛、渔业及养殖业海岛。

2. 大万山岛群规划定位

大万山岛属于大万山岛群，其他岛屿包括小万山岛、东澳岛及中间围合海域。

东澳岛和白沥岛旅游资源丰富，并且特色鲜明，具备开发高品质旅游的条件和基础，是旅游发展的重点地区。同时，以其悠久的文化、军事历史基础，也可作为万山历史教育基地之一。为此，大万山岛群定位为旅游开发为主的组团，发展面向澳门、珠海及珠三角的旅游业组团。开发海上运动、岛屿活动及海上垂钓基地，同时发展海上现代养殖基地和建设初加工基地。

规划打造大万山岛为大万山岛群的发展核心，是万山区的中期（2015—2020）发展的重点，也是大万山岛群的公共服务和基础设施中心，岛上设置有城市生活所需的各项基本服务职能。

3. 大万山岛空间规划落实

大万山岛整体定位为体育休闲型海岛。调整原有特殊用地释放为城市用地，将特殊用地综合布置在山上。规划三大片区组团：西南片区以老港区为基础发展，规划为集行政、生活、旅游、公园、研发等功能的综合片区；西北部片区在保持原有景观风貌基础上，结合地方文化、岭南建筑风格和珠澳风情建设度假地产和旅游服务集中区；东北片区结合岸线规划为旅游区。

并且，根据上章节的研究结论，方案创新地将用地分为以下三类。

（1）城市化区域（Zone UC）：用地沿用国标，这类用地是组成岛屿功能的功能主体，万山群岛规划组团的核心由城市化区域用地组成，或是在原有建设用地的基础上或是新规划的组团，它的开发是相对集中和有一定强度的，城市化区域的用地可完全作为建设用地使用；

（2）混合区域（Zone UM）：在国标上稍有变化，以点状或线状用地围绕万山群岛的组团核心展开，这一类用地并不需要城镇化区域般的高强度开发，其范围可以是略模糊的，它将被赋予较大的范围但明确的开发强度，以弹性的开发丰富海岛的空间，混合区域用地其中的50%可作为建设用地使用；

（3）小住宅区域（Zone UP）：应是各海岛空间特色的点睛之笔，而这不应该在用地上被限定的，小住宅区域用地以面域铺张在大万山岛之上，它是在禁建用地外的自然生发，为了维护和延续海岛自发良性的发展形态需要被保留的，当然，小住宅区域用地中仅有2%可作为建设用地使用。

表2　大万山岛各用地类型比例

总体用地比例		
分区	城市建设用地面积（hm²）	各分区所占比例
Zone UC 城市化区域	50.99	43.18%
Zone UM 混合区域	28.51	24.14%
Zone UP 小住宅区域	39.60	32.68%
三区合计的建设用地面积	118.1	100.00%

在三种用地分类的基础之上，规划将大万山岛打造为一个具有岭南特征的静谧村落空间形象，有文化风情且有别于城镇化，充分保护和利用岛上的自然资源，深化完善岛内建筑组群空间布局及形象改造，避免过度开发，合理控制建筑规模及人流，保留天然岸线。以老港为基础向东南方向发展，建设大万山新港，形成新老港对望格局。

六、结语

此次珠海万山海洋开发试验区的概念规划设计是基于岛群陆域空间与蓝色国土共同和谐发展的一次理论实践创新的研究，在总结和吸收了大量国内外岛屿的开发案例基础上，对于海岛的保护与增值潜力分析、开发控制、用地类型以及蓝色国土的开发控制、功能布局等多方面在规划上寻求合理突破，"蔚蓝万山"不仅要成为中国沿海地区重要的旅游型海岛群，更要作为世界蓝色经济海岛群发展的典范。当然，由于海岛与蓝色国土的特殊性与目前国标之间所存在的矛盾，规划中提出的岛屿的特殊规划标准希望能够得到公众广泛的参与与讨论，并通过逐步完善、建立立法等手段，作为万山群岛海洋经济开发区今后建设的规划条例和标准。最后特此鸣谢珠海市住房和城乡规划建设局万山规划分局以及万山群岛各岛屿管理部门等各职能单位对本文章编写过程中提供的人力物力支持。

作者简介

杨　璇，法国斯构设计公司（SCAU CHINA）合伙人/规划设计总监；

周　峰，法国斯构设计公司（SCAU CHINA）城市规划师；

汪　璟，法国斯构设计公司（SCAU CHINA）建筑师。

项目设计单位：法国斯构设计公司（SCAU CHINA）斯构莫尼建筑设计咨询（上海）有限公司

项目总设计师：Xavier MENU

项目负责人：杨璇

1.东部绿带鸟瞰图

从特色化发展看县域经济转型
——以桐乡空间发展战略方案征集为例

See the County Economic Transition from the Characteristic Development
—Take Tongxiang Strategic Development Planning for Example

王婷婷 尹维娜 郑德高
Wang Tingting Yin Weina Zheng Degao

[摘　要]　当前我国县域经济面临转型。规划通过对区域趋势的研判，提出"特色化"引领的转型思路，并以桐乡空间发展战略方案征集为例，从空间上探索县域经济转型的规律和规划方法。同时规划通过战略规划和城市设计结合的手法，引导功能特色与空间特色的结合。

[关键词]　县域经济转型；特色化引领；功能专业化；空间板块化；节点高级化

[Abstract]　Now the county economic is facing the transition in our country. Our planning proposes characteristic leading to the transition according to the regional trend, we take Tongxiang strategic development planning for example, to exploring the pattern and the planning method of county economic transition in space. And we also combine the strategic planning and urban design to make the function and the space matching.

[Keywords]　County Economic Transition; Characteristic Leading; Function Specialized; Space Section; Node Advanced

[文章编号]　2016-71-P-029

一、引言

2010年全国百强县平均人均GDP接近1万美元，标志着县域经济时代的来临。县域经济是国民经济的基本单元，随着省直管县、扩权强县等政策的实施，更加强化了县的主体功能。特别是对于长三角，县域经济已经成为主要的增长主体，并进入到工业化和城镇化的转型时期。

但在转型的同时，县域经济也暴露出一些问题，尤其是在浙江表现得更为突出。首先，传统民营经济的分散发展遭遇门槛。浙江模式以乡镇块状工业为代表，表现出极强的自下而上发展活力，但传统以乡镇为依托的分散发展却面临土地和劳动力成本上升，技术和人才缺乏，品牌创新不足的问题，缺品牌、缺服务、缺人才的问题，也严重制约了民营经济转型升级的进程。其次，集聚的工业化发展面临巨大的外部压力。在转型中，一些地方试图学习苏南模式，以产业园区集聚的大工业拉动转型，但缺乏产业

2.市域用地现状图　　　　5.C方案市域用地方案
3.规划拼合图　　　　　　6.B方案市域用地方案
4.A方案市域用地方案

基础、产业层次不高、土地成本上升和环境容量制约等因素又使其在面对激烈的外部竞争时缺乏优势，困难重重，增长不容乐观。在这样的背景下，县域经济如何跨越瓶颈，实现转型发展值得关注。

二、县域经济转型的区域趋势：特色化引领

从长三角发展趋势看，县域经济的发展往往不光是传统意义上工业化和城镇化的双轮驱动，而是工业化、城镇化和特色化的三驾马车。尤其是特色化，在工业化、城镇化进程中发挥了重要的引领作用。随着长三角一体化的不断推进，长三角区域城市体系呈现明显的网络化特征。在网络化城市体系中，以世界城市上海为核心城市，以杭州、苏州、无锡、宁波、南京等为区域中心城市的格局已经基本明确，难以实现超越。区域中的竞争主要体现在节点的竞争，而节点的竞争则主要体现在功能专业化的竞争。海宁皮革城、义乌小商品城等城市的发展规律表明，在竞争中，决定城市地位的不再是过去传统认为的经济和城市规模，而是对专业职能的控制力。因此，区域中的城市更加强调把控核心资源，以特色经济取胜。

在具体的实施中，特色化对城市空间也产生了很大的影响。昆山花桥商务区、海宁连杭经济区等城市的发展规律表明，县域经济依托核心资源，表现出明显的板块化特色，即不同的特色空间承载不同的特色功能。

同时，为了增强对特色职能的控制力，节点城市更加强调品质城市、品质环境的建设。义乌依托市场，建设国际商贸城；虹桥枢纽依托区位优势建设枢纽商务区；宁波杭州湾新区依托大桥区位和生态湿地打造国际商务休闲城，这些城市都在致力于依托核心资源，从单一的功能区向品质城市转变，并通过品质环境的塑造吸引人才、资金，这实质上也是功能的延伸和高级化的过程。

综上所述，以特色化引领工业化与城镇化，实现县域经济的转型，在空间上表现为三大趋势，即功能专业化、空间板块化和节点高级化。

1.桐乡战略规划实践

（1）项目背景

桐乡位于上海都市圈、杭州都市圈和环太湖都市圈的中间区位，是沪杭城市带上重要的节点城市。桐乡市域总面积为727.49km²，2010年全市常住总人口81.6万，GDP总量409亿元，是嘉兴面积最大、人口最多的县，也是全国县域经济百强县和中国十大市场强市。同时，桐乡也是杭嘉湖平原上典型的田园水乡城市，全市河道总长2 264.4km，水网密度高达3.3km/km²，位居全国前列，其中京杭运河东西向穿

境而过，串联的多个古镇各具特色，其中最为著名的就是江南六大古镇之一的乌镇。

桐乡是中国县域经济转型的典型代表，现阶段其经济发展到了转型的关键时期。GDP占浙江省的比重有所下降，百强县排名也从2005年24位下降到2010年的27位；产业结构二产主导，三产比重有所上升但仍然偏弱，不符合市场强市的定位；长期乡镇各自为政、分散发展、城乡均质导致发展重点不明确，城镇化进程缓慢的问题，2010年全市城镇化水平仅为49.1%，落后于嘉兴市和浙江省的平均水平；城市形象特色有待提升，田园水乡特色消弭，滨水空间消极利用、临水不亲水的问题突出。这一系列问题表明，引导桐乡实现转型发展已经成为必需的选择。

在这一背景下，桐乡第十三次党代会提出了"四市一地"的发展定位，即长三角新型工业城市、中国十大市场强市、世界知名旅游城市、未来中国的文化创意城市和休闲养生目的地。这一定位明确了桐乡调整产业结构、引领经济转型的发展思路，但产业特色与空间特色如何结合，在空间上如何落实还不明确。

因此，2012年8月至12月，桐乡市委市政府提出编制"桐乡市空间发展战略规划研究"，并邀请了国内外四家知名规划设计单位参与投标，其任务包括制定市域和中心城区的空间发展战略，明确发展重点和发展方向，并结合总体城市设计和核心区

城市设计重点塑造城市特色。

（2）方案征集介绍

方案征集的过程其实体现了不同的县域规划思路的碰撞。

A方案提出均衡发展思路。更多是对乡镇分散现状的延续，而对未来工业化、城镇化集聚需求关注不够，空间发展的重点仍然不明确，整体结构仍然松散，实质上难以解决现状城市转型面临的多种问题。

B方案提出工业区带动思路。更多强调通过临杭经济区和经济开发区等大型工业区的建设，以工业化主导城市转型，而对桐乡传统的自下而上民营经济特色关注不够，也对现今桐乡出现的旅游、服务经济等新兴业态关注不够，实质上脱离了桐乡的产业基础，难以发挥竞争优势。

C方案提出南部新城思路。更多是关注县城的壮大，强调县城的单核集聚，提出在县城南部地区依托高铁站建设30km²的高桥新区，通过新城建设带动城市转型，实质上这种思路忽略了浙江模式本身的特点，对乡镇经济关注不够，而只关注高铁站地区对于中心城区的整体空间发展也是不够的。

D方案提出特色化引领思路。提出顺应区域趋势，通过三大板块、三心带动市域整体发展，并强调各板块依托核心资源各有侧重，发展特色职能，总体形成"一市三区、以城带区"的市域空间结构。经过专家组的综合评审，该方案符合桐乡发展实际和未来趋势，为中标方案。

（3）基于特色化的桐乡战略实践

①现状空间特征

通过研究发现，桐乡具有明显的板块经济特征，在市域形成三大空间板块。

东部城市板块，以中心城区为依托，综合商贸特色突出，已经集聚了濮院毛衫市场、世贸中心、国际蚕丝城等多类型的国内知名专业市场，市场交易额年增长率超过21%，在浙北地区具有竞争优势。

西部城镇板块，以一镇一品、工贸联动的民营经济为特色，崇福皮草、洲泉化纤、东田皮鞋、大麻家纺等产业在全国乃至世界都占有极高的市场份额，特别是崇福被列为浙江省27个小城市之一，在引导城镇化集聚方面具有较好的发展基础和机遇。

北部水乡板块，拥有乌镇水乡国际旅游区、石门运河古镇、石门湾现代生态农业示范区、河山桑基鱼塘等资源，生态环境良好，田园水乡的特色突出。

②基于特色化的空间战略

顺应区域"功能专业化、空间板块化、节点高级化"的特色化发展趋势，以及市域板块经济特征，提出本次规划的"三三三"市域空间发展战略，即突出三大功能、明晰三大板块、提升三大节点。

东部品质城市板块，抓住综合商贸特色，以中心城市为依托，城与贸的结合，重点延伸市场的高端职能，市场集聚区到商贸城市，功能延伸和高级化，重点完善市场的高端服务职能，打造浙北商贸中心之城。并运用总体城市设计的手法，重点梳理空间结构和重塑城市特色，提升城市中心地位。

西部特色城镇板块，突出民营经济特色，自上而下通过省级小城市有序引导集聚，自下而上通过现代产业集群引导民营经济转型升级，自下而上与自上而下相结合，打造民营创新典范之城。并将崇福省级小城市建设成为西部板块的副中心城市。

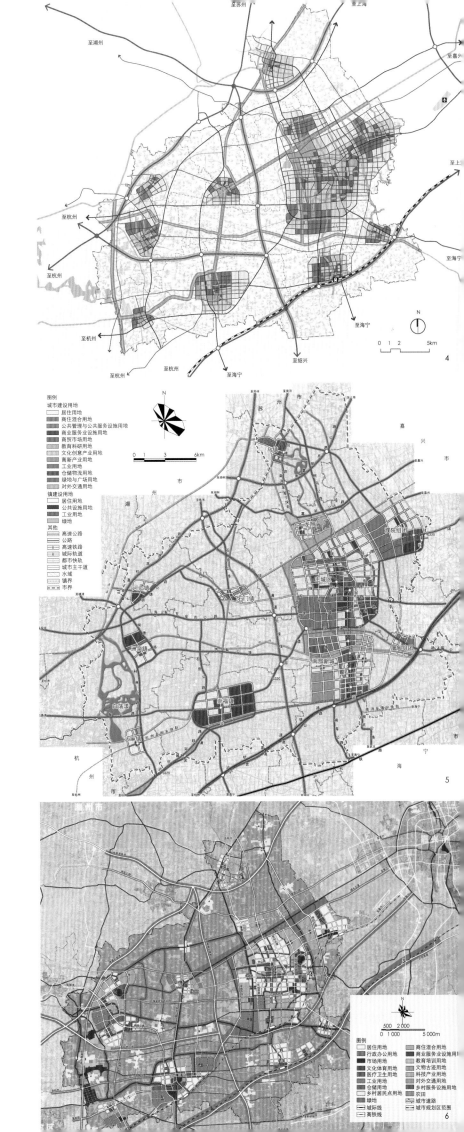

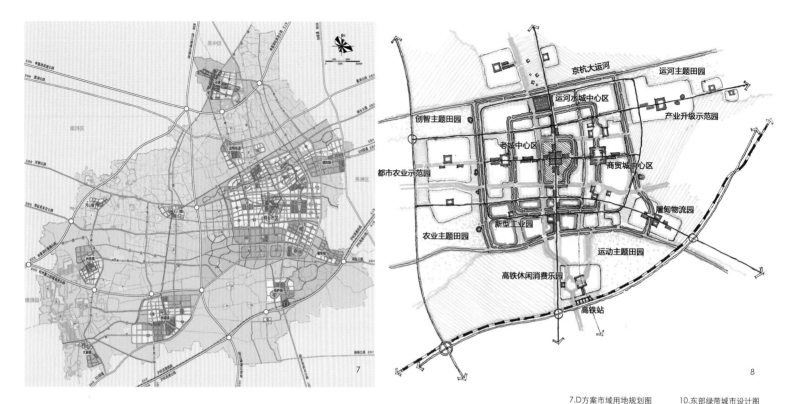

7

8

7.D方案市域用地规划图　　　10.东部绿带城市设计图
8.中心城区空间结构图　　　　11.中心城区总体鸟瞰图
9.中心城区城市设计图

北部文化水乡板块，突出田园水乡特色，借鉴昆山南部地区的经验，将水乡古镇与生态休闲结合，通过整体景区化策略，打造文化水乡休闲之城。并将乌镇国际旅游小城市建设成为北部片板块的副中心城市。

③基于特色化的空间布局

品质城市和品质环境的塑造是提升城市竞争力，增强对核心资源的控制力，实现节点高级化的关键。对于桐乡而言，既需要明确城市特色职能，找准城市的发展方向，增强城市的硬实力，也需要理顺空间结构，构筑一个有特色的城市空间，增强城市的软实力。

规划重点通过梳理现状水系和田园肌理，采用总体城市设计的手法，识别出"三环水网、四角田园"的大景观格局，并以此空间特色为前置条件，影响空间布局。其中一环水网为传统肌理街区，规划通过历史要素改造和历史街区风貌恢复的方式，打造记忆之环；二环水网串联生产、生活、商贸三大主板块以及城市中心区，集聚了城市的核心价值，规划通过沿线布局公园绿地和公共空间，打造生活之环，尤其是打造东部中央绿带成为城市高端价值的核心体现；三环水网作为城市的增长边界，通过郊野公园、主题公园的营造，打造休闲之环；并通过绿楔将四角田园引入城市，形成"城在田中，田在城中"的田园城市格局。在此基础上，结合功能格局构筑"双城五园"的城市空间结构。

三、总结与思考

1.县域经济转型的新思路：特色化引领

规划策略强调特色化引领。寻找在区域中有竞争力的优势，强调功能专业化发展；并通过产业特色与空间特色相结合形成空间板块化发展；通过品质城市、品质环境的塑造促进节点的高级化，使专业化的职能更加有竞争优势。规划尝试从桐乡战略出发，对县域经济转型进行一次规律性的探索，具有一定的普适意义。

2.县城规划技术方法思考：战略规划+城市设计

在技术方法上，规划采用战略规划结合城市设计的方式。通过战略明确特色功能，通过设计建构特色空间。特别是在规划实践中发现，这种方法尤其适合于县城，因为往往县城对产业特色和空间特色的需求更加迫切，且空间尺度适宜。

3.规划的反思：长远目标与现实发展之间的矛盾

本次规划重点是基于远景发展角度，对桐乡转型发展的总体战略和城市特色的总体框架进行的规划探索，但在面对具体的操作实施时也出现困惑。在特色化引领的战略思路下，各开发主体需要坚持有所为有所不为的发展思路，但长远目标的实现与现实发展之间还存在诸多矛盾，规划时序如何建构也是规划工作者需要进一步研究的任务。

参考文献

[1] 柳博隽. 县域经济转型发展向度[J]. 浙江经济，2011（6）.

[2] 张璐璐，夏南凯. 专业市场变迁对城市空间的影响：以义乌为例[C].
城市规划和科学发展：2009中国城市规划年会论文集，2009.

作者简介

王婷婷，中国城市规划设计研究院上海分院规划一所，规划师，硕士；

尹维娜，中国城市规划设计研究院上海分院规划一所，规划师，硕士；

郑德高，中国城市规划设计研究院上海分院，院长，教授级高级城市规划师。

项目负责人：王婷婷　尹维娜

主要参编人员：朱慧超　蔡珺　徐靓　李辰晔　伍敏

图例

① 体育中心
② 美术馆
③ 凤凰湖艺术中心
④ 凤凰湖公园
⑤ 剧院
⑥ 博物馆
⑦ 滨河酒吧街
⑧ 文化中心
⑨ 音乐厅
⑩ 中央商务区
⑪ 行政办公
⑫ 总部基地
⑬ 高端会所
⑭ 五星级酒店
⑮ 会议中心
⑯ 会展论坛
⑰ 邻里中心

⑱ 酒店式公寓
⑲ 花园办公
⑳ 凤舞湖公园
㉑ 商贸市场
㉒ 会展中心
㉓ 客运站
㉔ 水上餐厅
㉕ 居住区
㉖ 洽谈中心
㉗ 贸易结算中心
㉘ 金凤湖公园
㉙ 创意研发园
㉚ 栖凤湖公园
㉛ 休闲会议中心
㉜ 观景台
㉝ 湖滨会所

9

10

11

蓝湾绿岛、金"山"智谷
——以策略规划为导向的《青岛市红岛经济区及周边区域总体规划》

Blueinlet- Green Island, Gold "Mountain" - Wisdom Valley
—"The overall Planning of Qingdao City Red Island Economic Zone and the Surrounding Area"
Oriented to Strategic Planning

季栋 李峰
Ji Dong Li Feng

1.红岛经济区效果图
2.规划理念
3.北岸城区生态保护结构图
4.北岸城区规划结构图

[摘　要]　本文结合《青岛市红岛经济区及周边区域总体规划》的相关内容，以"策略规划"作为本文的侧重点，通过对北岸城区和红岛经济区及周边区域两个
层面的核心诉求分析，确定它们的规划发展定位和目标，并针对不同层面提出相应的区域发展策略和规划引导措施。

[关键词]　总体规划；区域诉求；发展策略；规划引导

[Abstract]　This paper according to the "overall planningof Qingdao red island economic zone and the surrounding area", focusing on the "strategic
planning", analyzing the central demand ofthe north shore city and the Red Island Economic Zone and the surrounding area, to determine their
planning orientation and target, and putting forward corresponding regional development strategy and planning guidance measures to different
levels of area.

[Keywords]　Overall Planning; Regional Demand; Development Strategy; Planning Guidance

[文章编号]　2016-71-P-034

一、引言

青岛，中国最富盛名的山海名城，以其"红瓦绿树，碧海蓝天"的独特城市魅力，令人心神向往。在经济全球化和中国发展转型的时代背景下，青岛提出了"环湾保护，拥湾发展"的城市发展战略，指明了未来城市发展的方向，使北岸城区，尤其是红岛经济区的开发建设，成为实现"海湾青岛、蓝色青岛"这一城市理想的重中之重。

本规划以落实和深化"环湾保护，拥湾发展"的城市战略为目标，从北岸城区和红岛经济区及周边地区两个层次制定合理的规划引导和行动策略。北岸城区层面主要研究在较大的空间尺度上北岸城区和东西城区的竞合关系，明确北岸城区的发展定位，并结合发展定位提出空间发展策略。红岛经济区及周边区域层面主要研究红岛及周边地区在整个北岸地区的核心地位和作用如何体现，明确发展目标和主导功能，明确产业优化方向和空间整合布局思路，塑造特色明显的城市空间形态和景观，制定科学有效的实施策略和指标体系。

二、北岸城区空间发展研究

1. 区域资源整合

（1）区域优势整合——强化区域联系，提升功能定位

规划区东联青岛，西接黄岛，并与平度、即墨、胶州等城市保持密切的产业发展联系，在规划中应对这些城市的发展资源进行进一步的联系，提升规划区总体的功能定位。

（2）产业整合——发展蓝色产业，延伸产业链条

应当进一步确定山东半岛蓝色经济的发展主线，积极发展低碳新城、拓展高新技术业余现代服务业，形成完整的产业链，形成产业发展模式向三产化、低碳化、特色化地转换。

（3）环境资源整合——提升环境品质，塑造宜居城市

充分依托北岸城区良好的自然景观资源，梳理区域内的生态湿地、河流水系等自然资源，整合区域内的景观体系，提升环境品质。强化生态网络的建设，提倡环保节能的理念，打造生态宜居的新城区。

（4）文化整合——彰显文化特色，塑造魅力之都

北岸城区拥有良好的自然和人文资源，不仅有海洋、山水等自然文化资源，同时还有青岛知名的啤酒文化、旅游文化和休闲文化资源。规划中应当充分利用多元的文化资源，提升北岸新区的城市人文氛围，营造具有特色的场所空间。

2. 北岸发展定位

北岸城区是青岛"一湾三区"城市结构的重要组成部分，规划以构建"创新北岸、活力北岸、生态北岸、和谐北岸"为目标，对区域资源进行整合，探索北岸城乡统筹发展之路。

创新城市、活力之都——以蓝色产业、高新技术产业为先导，塑造多元开发的活力之都。

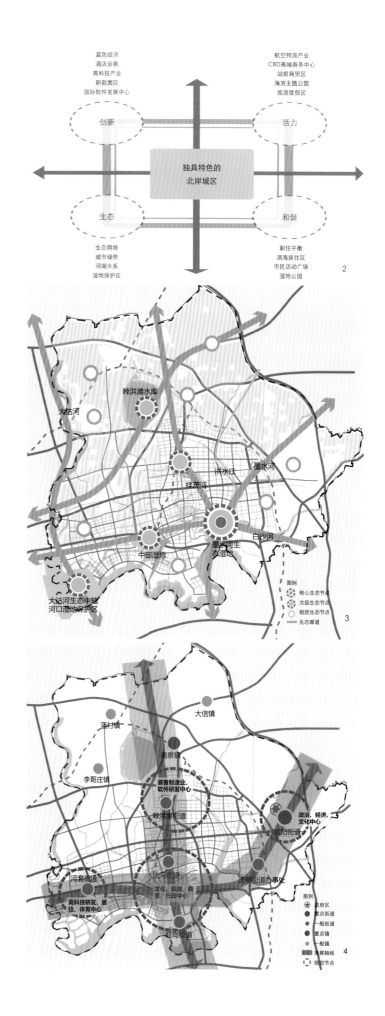

图例
① 湿地公园　　　⑬ 职教园区　　　● 软件产业园
② 度假酒店　　　⑭ 会展中心　　　● 总部基地
③ 滨海居住区　　⑮ 文化中心　　　● 国际合作聚集区
④ 公园社区　　　⑯ 红岛中心　　　● 医疗中心
⑤ 科技研发　　　⑰ 湿地廊道　　　● 海月湖
⑥ 游艇码头　　　⑱ 高端CBD　　　● 新兴信息技术服务产业园
⑦ 水晶岛　　　　⑲ 接待中心　　　● 国际软件发展轴线
⑧ 奥体中心　　　⑳ 行政中心　　　● 职教园区
⑨ 运河风光带　　㉑ 旅游服务区　　● 蓝色产业园
⑩ 实训基地　　　㉒ 方特游乐城　　● 生态廊道
⑪ 站前商贸区　　㉓ 金融中心
⑫ 高铁车站　　　㉔ 配套居住

5

流亭机场

图例
　　行政办公用地　　　　　物流仓储用地
　　文化设施用地　　　　　公园绿地
　　教育科研设施用地　　　广场用地
　　体育设施用地　　　　　防护绿地
十　医疗卫生用地　　　　　水域
　　商业服务业设施用地　　农林用地
　　商住混合用地　　　　　村庄用地
　　居住用地　　　　　　　区域交通设施用地
　　社区文化体育用地　　　城市发展备用地
　　中小学用地　　　　　　道路与交通设施用地
　　一类工业用地　　　　　规划范围
　　二类工业用地
　　区域交通设施用地
　　公用设施用地

6

绿色生态、和谐生活——塑造网络化的绿色生态体系，形成与自然环境和社会发展相和谐的城市生活。

3. 空间发展策略

规划尊重北岸地区特有的生态机理，在对北岸现有生态格局进行有效梳理的基础上，形成规划区空间管制分区，构筑"一心四辅多点，绿廊水脉成网"的地区生态网络体系，同时依托"四通八达，内环外延"的综合交通体系，对北岸城镇体系布局进行有效引导，形成"东联西拓，南北贯通"的城镇空间发展结构，并结合现有产业和城镇的分布情况，通过对区内各街道和乡镇的开发潜力进行综合考虑，规划在北岸地区划分为十大功能组团，覆盖各个街道、乡镇和产业园区，并提出发展策略，实现对整个北岸地区产业和城镇发展的有效引导。

三、红岛经济区及周边区域总体规划

1. 总体发展愿景

对红岛经济区及周边地区的构想和愿景，将进一步强化北岸城区在"一湾三区"中的城市定位，同时也进一步强化青岛作为冉冉兴起的海湾城市、国际化都市的宏伟发展目标。我们对红岛经济区及周边地区的发展愿景表述如下：

蓝湾绿岛，金"山"智谷

（1）蓝湾——活力之湾、生态之湾和乐活之湾三个主题化海湾，从生活、工作、游憩等角度诠释红岛的城市魅力和蓝色价值；

（2）绿岛——水网绿脉交织，将城市划分为若干"城市绿岛"，夯实低碳城市和绿色生活的生态基础；

（3）金"山"——三个高层建筑群，形成"山峦叠嶂"般的现代都市景致，既是城市财富的象征，也和海、湾、岛的自然景观元素形成绝妙搭配；

（4）智谷——高新技术产业的空间积聚带，打造引领地区产业升级和技术提升的智力之谷。

2. 规划目标与指标评价体系

（1）规划总目标

红岛经济区及周边地区将成为未来"海湾青岛"的智力中心、文化中心和现代化综合服务发展中心；是以蓝色经济和科技创新为核心竞争力，产业高度发达，社会和谐，环境优美的智慧之城、低碳之城、和谐之城。

（2）规划指标评价体系

构建北岸新城指标体系是为了在建设新城过程中有目的和计划地落实规划预期的目标，并有助于恰当地运用成熟的生态经济、生态社会、生态环境、生态文化等新理念，建设具有青岛特色的生态新城。

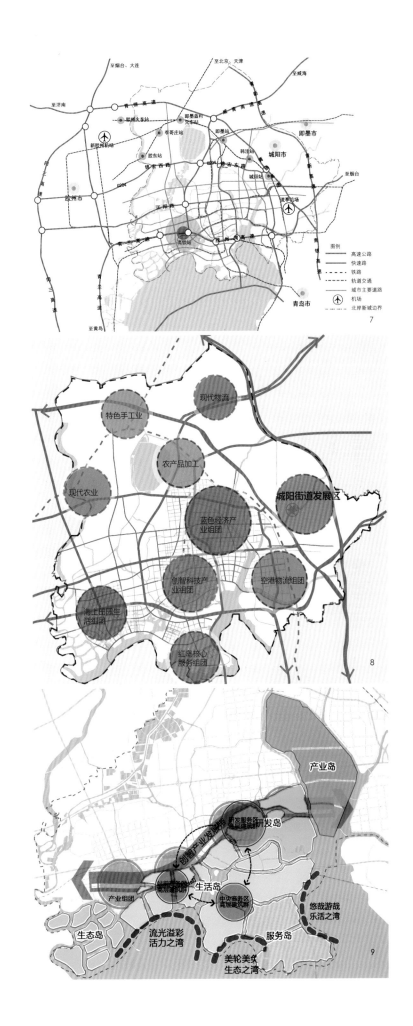

北岸新城指标体系旨在区域水系统环境治理、节能减排、生态宜居、城乡统筹示范等规划理念和建设标准方面实现突破，通过对新城区规划的引导，将北岸新城建设成体现"科学发展观和生态文明"城市的典范，体现新型城市化的特色。

①城市经济发展目标

城市的经济活力体现在城市经济发展的各个方面，包括城市的经济成长性、对资本和生产要素的吸引力、就业及居民生活质量状况，以及城市的创新能力等。城市的经济活力是一个动态概念，随时间的变动而不断变化。其构成概括起来主要包括以下四方面要素：a. 经济成长性；b.对外来资本和生产要素的吸引力；c.充分就业和可持续的生活质量；d.创新能力。

②人民生活发展目标

通过减少对不可再生资源的消耗，对各类垃圾进行有效回收与利用，积极使用再生能源等措施减少能源资源的消耗，走可持续发展的道路；同时加强必要的市政设施以及生活服务设施的建设，加强市民的生活设施保障，营造和谐的社会生活氛围。

③环境发展目标

通过对区域环境空气质量、水环境、空气噪声、绿色建筑以及绿地率等指标的控制，并参考欧美等发达国家的相应指标设置，形成红岛经济区生态环境的控制体系。

3. 规划实施策略

（1）空间发展策略

①第一阶段：分片整合，启动红岛

近期对棘洪滩社区及周边产业用地以及上马社区及软件园用地进行优化整合，通过南北向交通网络的完善，形成陆海发展轴，启动红岛开发，以旅游休闲产业作为近期红岛开发的突破口。

②第二阶段：拥湾发展，强化滨海

中期以胶州湾高速以南的滨海地区为主要发展区，以红岛东片区为启动区，引领滨海大发展；以CBD商务中心、文化中心、会展中心等重点项目，带动整个红岛开发；同时依托高铁站点、站前商务区和中央湿地公园的建设，使滨海发展逐步向西延伸；河套社区和信息技术产业园区的发展使滨海开发向纵深推进，形成拥湾发展的滨海发展带。

③第三阶段：东西联动，海湾聚合

远期随着市级行政职能的注入，红岛现代服务职能进

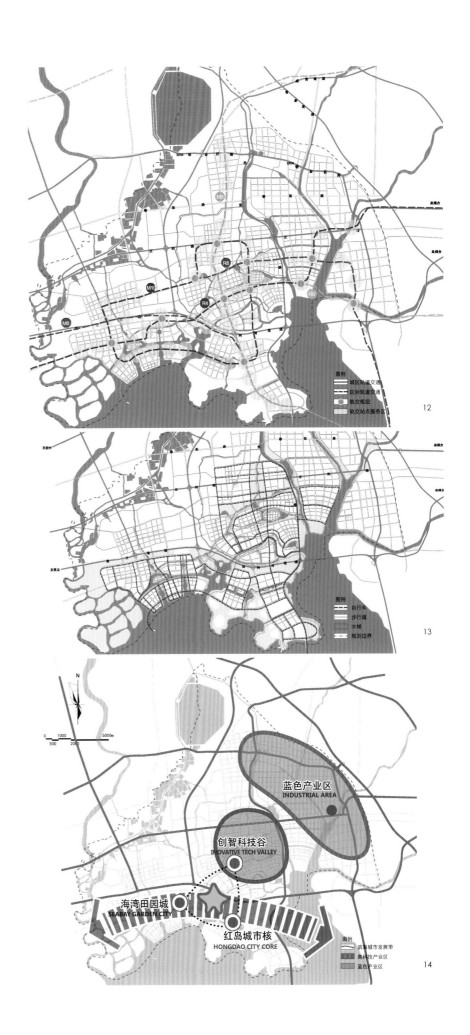

一步完善，成为环湾发展的聚合点，引领环湾城市发展带的形成；向东结合流亭机场和空港物流园的改造优化，实现和城阳、李沧的一体化发展；向西结合大沽河生态带保护，和胶州市、黄岛区形成呼应关系。

（2）交通发展策略

①环网结合，系统有致

完善城市快速路和主干路网，打通南北向和东西向的交通联系，使环状高速路网和网状快速路、主干路有机结合，构建四通八达的城市路网体系。

②枢纽联合，互动发展

高铁站枢纽、流亭机场以及未来的新胶州湾机场，三大交通枢纽通过快速路网和轨道交通相衔接，带动区域整体化发展。

③公交优先，绿色出行

发展"轨道交通+快速公交+常规公交+支线公交+综合换乘枢纽"的一体化综合发展模式，构建绿色高效的城市公共交通网络。

④有机串联，慢行低碳

提倡以步行和自行车为导向的出行模式，以支路和部分次干路为依托，串联主要公共活动空间，引领低碳出行，形成和公共交通的有效互补。

（3）产业发展策略

①第一产业：严格控制，适度开发

对基本农田、湿地、海洋生态资源严格保护，合理开发，适度发展都市农业、农家乐、渔家乐等产业。

②第二产业：规模集聚，产业集群

以发展蓝色低碳产业为引导，完善整合电子信息和高端制造两大产业链，在空间上形成蓝色产业和软件信息产业两大产业集聚区，形成产业集群。

③第三产业：因地制宜，凸显特色

依托地方产业和资源特色，构建集多种服务职能服务于一身的现代综合服务核心；旅游产业临湾发展，尽显"碧水蓝天"的海湾特色。

4. 城市空间布局

（1）蓝绿网络、生态发展

规划利用自然水系及防护绿化构筑生态安全格局。绿化网络间隔各个功能组团，并与大区域生态系统相融合。

（2）一园三心、点轴相承

主要的城市功能区紧紧围绕中央湿地公园发展，红岛中心、高铁枢纽以及科技智谷成为引导城市发展的三大功能核心。火炬大道是城市环湾发展的主轴线，另外两条轴线串联城市中心及滨海景观区。

（3）一带三湾、和谐共生

利用现状盐田建设运河景观带，与三个海湾通过绿化廊道有机联系，塑造蓝湾绿岛的城市意向。三个海湾塑造各具特色的城市形象，营造和谐共生的滨海游览观光带。

四、结语

在"拥湾保护、环湾发展"的城市战略指导下，本规划从北岸城区和红岛经济区及周边区域两个层面对北岸经济区及其核心区域的发展进行了综合部署，并在红岛经济区及周边区域层面通过规划指标评价体系将规划目标数据化，提高了规划的可操作性；通过对空间、交通和产业的规划实施策略研究确定了该核心区的城市发展构架，最后通过总体城市设计对该区域的城市空间布局进行了整体勾画。整个规划在宏观上采用了区域视角，严格与城市战略和周边城市资源对接，在微观上采用规划指标体系对城市发展目标进行了"量化"研究，让规划更具可操作性。

作者简介

李　栋，同济大学建筑与城市规划学院，风景园林硕士；

李　峰，同济大学城市规划硕士，上海同济城市规划设计研究院城开分院副主任规划师。

主要参编人员：周海波

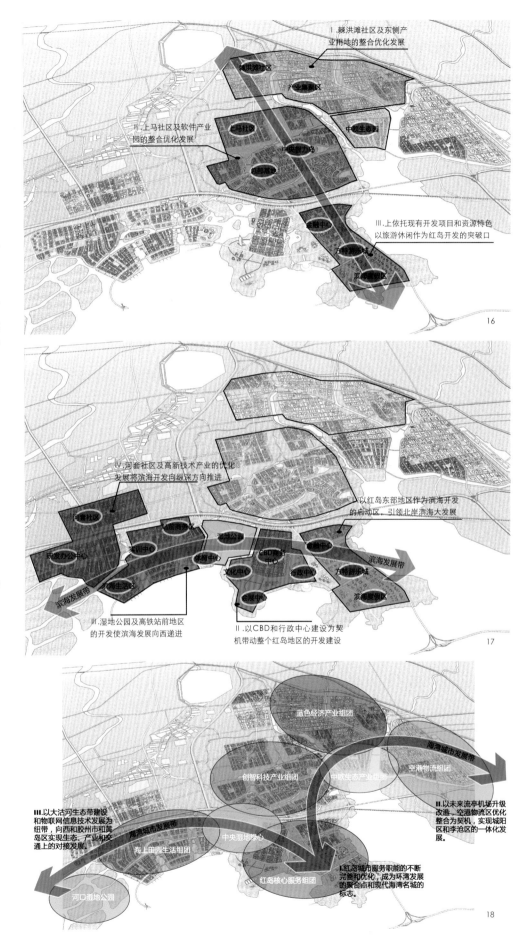

15.红岛经济区效果图
16.第一阶段发展示意图
17.第二阶段发展示意图
18.第三阶段发展示意图

面向新产业的规划应对与创新
——以利川市旅游地产总体规划为例

Response and Innovation Oriented to Planning for the New Industry
—Taking the Overall Planning of Tourism Real Estate in Lichuan City as an Example

陈卫林 李 峰
Chen Weilin Li Feng

[摘　要]　在新时代背景下，新的社会形势和产业类型对城市规划提出了新的任务与更高的要求。本文以利川市旅游地产总体规划为例，结合产业特征和任务要求对利川市旅游地产的布局与发展提出了规划构思，并针对具体开发实施提出了分区引导策略和控制措施。期望通过该项目的研究探讨，为新形势下新规划类型的应对转型提供一种新的思路。

[关键词]　旅游地产；总体规划；分区引导

[Abstract]　Under the background of anew era, the new social situation and industry type has put forward new tasks and higher requirements to urban planning. This paper takes Icheon tourism real estate overall planning as an example, refer to the industrial characteristics and task requirements to offera new plot and planto the layout and development of tourism real estate in Icheon, proposing the zoning guidance strategy and control measures to specific implementation. Through the research of this project, we hope to provide a new way of thinking for the new situation of the new planning.

[Keywords]　Tourism Real Estate; Overall Planning; Zoning Guidance

[文章编号]　2016-71-P-042

一、引子

1. 旅游地产发展历程

21世纪以来，房地产业和旅游产业发展势头十足，并且随着城市房地产开发重心逐渐偏移，传统房地产开发投资逐步降低，房地产市场进入新一轮整合过渡期。和传统住宅房地产发展放缓不同，随着人们消费水平的提高，我国旅游房地产呈快速发展之势。随着人们对旅游服务品质的要求不断提升，旅游地产的发展正逐步迈进优化拓展阶段，旅游地产与商业、住宅等相关产业复合开发愈发成为主要的开发模式。

2. 旅游地产项目特征

（1）专业化

当前的社会形势决定了旅游地产需要面对的是专业性高、集约型、网络普及和国际化程度越来越高的服务需求。旅游地产涵盖的内容越来越全面，如金融业、旅游业、建筑业等，加之产品的客户目标越来越明确，类型更加细化，服务水平也需要不断提高，

以满足各种可续的要求，因此旅游地产规划需要的专业性及综合性也越来越高。

（2）休闲化

在休闲旅游的新观念下，人们对于旅游要求更加偏向于旅游景点的环境及现代的休闲消费，且随着中国老龄化的不断加剧，老年群体已经逐渐成为休闲旅游的主力军，而老年群体和部分有钱有闲的高端人士，更需要在没有城市浮华喧嚣的环境中休养生息，或者短暂停留，或者长期定居，因此多样化和创新化的旅游休闲元素将越来越多，从而满足不同人群、不同休闲类型的需求。而这对于旅游地产的发展也是新的风向标。

（3）主题化

一个城市有一个城市的气质，文化内涵也是独一无二的，探索城市文化现象，感受文化内涵，及侧重主题开发已经成为现代旅游地产发展的新趋势。我国旅游地产项目主打文化主题牌已经屡见不鲜，如芙蓉古城、恩施女儿城等都是比较典型的旅游地产成功案例，特色的主题与丰富的文化内涵是吸引不同层次客户及投资者的重要砝码。

（4）综合化

对于近年来国内外较为著名的旅游地产的开发，均为先进行大量的投资、吸引大量产业集群，并在其开发的内容上，融合娱乐、休闲、养生、购物等多种功能，在区域格局上，或与周边旅游资源形成功能互补，或在主题概念上突出其特色，从而形成具有较强系统性，综合性及鲜明特色的旅游综合体。

3. 规划编制的应对思考

利川旅游地产发展总体规划需要从利川市域层面对利川市未来旅游地产产业的空间布局和产业定位提出整体性安排布置。一方面旅游产业发展的新特征给规划提出了新的要求，传统的规划方法在面对新的产业空间和产业业态时难免会显得有些力不从心。另一方面传统规划通常执行统一标准，且工作内容庞杂，面面俱到，导致规划的研究重点得不到突出，规划实施的操作性差；而此次编制旅游地产总体规划对规划对象需要更强的针对性，并能够体现未来利川当地旅游地产产业的发展特点，以实施为导向，通过非法定规划的规划创新和法定规划的实施性

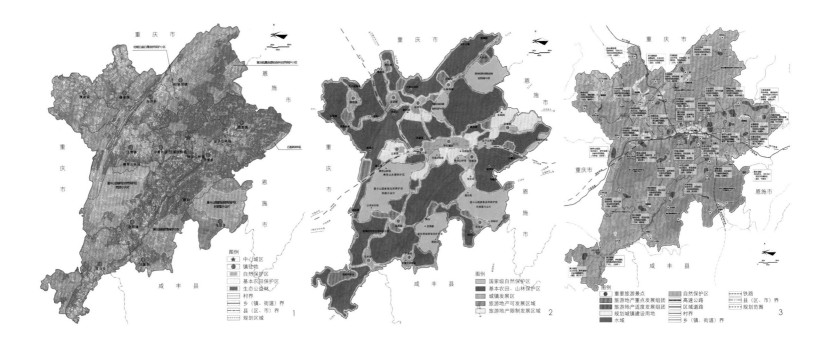

1. 利川市域林业资源分布图
2. 利川市域旅游地产发展潜力评价图
3. 利川市域旅游地产组团布局图

和管理性内容相结合，为利川旅游地产的发展提供思路和安排，为今后利川旅游相关的专项规划、各乡镇的总体规划和具体旅游地产开发项目的策划提供参考依据。

二、利川旅游地产发展概况

近年由于气候变暖，全国若干"火炉城市"陆续诞生，而利川身处武汉、万州、重庆等众多火炉之中，却拥有空气清新，冬暖夏凉，环境优美，房价低廉等优越的自然地理条件，因此"冬去海南，夏到利川"等广告语在重庆、武汉及周边城镇随处可见，利川渐渐成为周边城市首选的避暑之地，这也造就了利川市旅游地产的快速发展。

随着利川市旅游地产项目的逐渐增多，由于缺乏规划上的统筹安排，旅游地产实施遇到瓶颈。由于旅游地产发展迅速，原有城市总体规划和旅游发展规划难以对全市旅游地产的发展提供有效的指导和控制，项目建设也无法按照既定程序有序推进。因此，需要编制非法定的旅游地产总体规划，对全市域的旅游地产未来的发展布局进行系统研究。

三、规划任务解析

1. 优化新布局

利川地处鄂西生态文化旅游圈和大武陵旅游圈共同辐射范围内，资源优势得天独厚，具有发展旅游地产的巨大潜力。此次规划将从利川的资源禀赋出发，结合当前旅游产业发展的趋势，在利川市域范围内优化利川旅游地产的发展布局，明确重点发展区域。

2. 打造新体系

从城市资源特色出发，研究旅游地产开发的产品市场定位，探讨旅游地产开发的新模式，鼓励多元化的旅游产品开发和创新，丰富旅游地产的产品体系。

3. 引导和控制

对重点区域的旅游地产开发以及重点旅游地产项目的开发建设，从可持续发展角度，对开发行为提出有效的引导和控制措施。

四、规划构思与创新

1. 分层级研究旅游地产用地布局

宏观层面构筑"天籁利川、自在凉城；秀山碧水、养生天堂"的旅游地产发展意向，以打造鄂西生态文化旅游圈旅游地产发展的新标杆和鄂西地区重要旅游度假目的地为目标，并结合利川市上位规划、现状旅游资源和城市建设确定利川市旅游地产的总体发展战略和空间布局结构。

中观层面从旅游地产重点发展区和特色发展区两个系统对市域旅游地产的空间管制、用地布局、旅游线路、基础设施等要素进行研究，确定市域旅游地产组团布局，完善公共服务配套，形成特色旅游线路。

微观层面根据旅游地产发展分区，结合市域旅游地产组团和现状旅游地产开发，对已批待建的旅游地产项目进行落地，并借鉴控制性详细规划图则的做

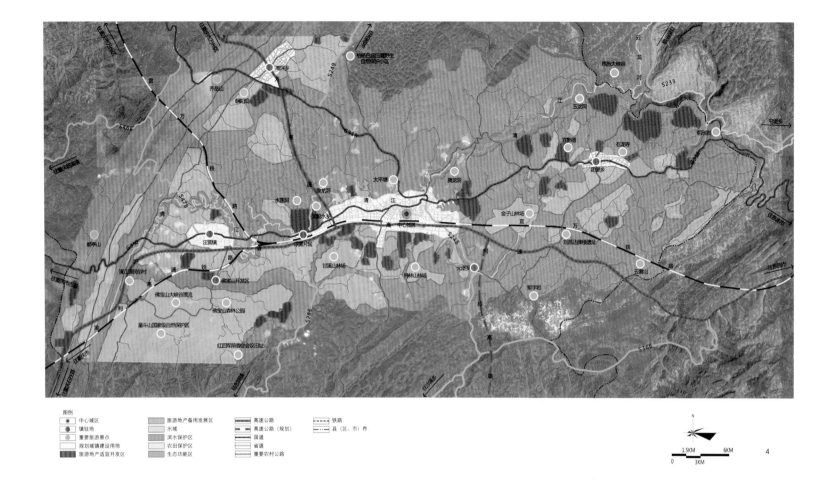

图例
中心城区
镇驻地
重要旅游景点
规划城镇建设用地
旅游地产适宜开发区

旅游地产备用发展区
水域
滨水保护区
农田保护区
生态功能区

高速公路
高速公路（规划）
国道
省道
重要农村公路

铁路
县（区、市）界

N

0 1.5KM 3KM 6KM

4

法，引入设计导则，对旅游地产用地的相关属性与指标进行引导与控制，增强规划的可实施性。

2. 构建旅游地产用地评价体系

旅游地产项目需要依托城市人文历史、经济社会基础和公共服务设施，越是大规模的复合型的旅游地产项目对区域交通、市区公共服务设施和区域旅游资源的依赖性越强。本规划主要根据区位交通条件、市场依托情况、周边资源价值、场地开发条件、基础设施条件五方面对旅游地产用地的发展潜力进行评价，根据市域空间管制规划形成旅游地产适宜发展区域、旅游地产限制发展区域和旅游地产禁止发展区域，并结合旅游地产适宜发展区和限制发展区继续细分形成综合性度假区、主题性度假区、体验式度假区三类旅游地产用地。

（1）综合性度假区

靠近城市建设区（镇区），具有较好的交通可达性（靠近城市环路、国道、省道等主要道路），占地面积大，投资大，能够提供多样化全方位的旅游服务，并且能够承载一部分城市功能，如居住、教育、

商业、文体休闲等，是综合性的旅游度假区。能够和中心城区的发展建设形成良性互动关系。

（2）主题性度假区

靠近城市建设区（镇区），交通条件和环境资源条件较好，占地面积较大，重点打造某一主题特色的旅游度假区，如运动休闲、养老疗养、商务会议等，侧重核心旅游产品的打造。

（3）体验式旅游区

距离中心城区（镇区）较远，生态景观资源优越，利用现状的村庄农田和地形地貌，发展农家体验观光、民俗文化体验等小型化的旅游服务设施。

3. 分区引导与控制

为了增加旅游地产总体规划的可操作性，规划引入了类似控制性详细规划的设计导则，分别针对重点发展区和特色发展区进行了旅游地产控制单元分区，并从旅游地产用地规模、项目类型、周边旅游资源、规划建设用地比例、主题策划、适宜建设项目等方面对控制单元内的旅游地产用地进行了相关属性引导与指标控制，从而为旅游地产项目的具

体落地实施提供建议与依据。

4. 重点发展区控制引导

重点发展区域由利川市中心城区和周边三个重点发展乡镇组成，是利川市旅游地产优先发展区域，也是现状旅游地产项目集中分布区域，规划依托中心城区和周边乡镇中心，结合区域旅游资源、区域交通、基础设施、生态本底和现有旅游地产项目对重点发展区域的旅游地产进行了组团布局和相关控制引导。

（1）分区控制

旅游地产发展初期主要依托城镇中心的公共服务配套和周边旅游资源，因此本规划依据城镇中心和区域重要旅游资源将重点发展区划分为中心城区—元堡片区、团堡—大峡谷片区、汪营—佛宝山片区、南坪—朝阳洞片区四个发展片区进行分区控制引导。

（2）系统布局

规划根据各发展片区的城镇发展规划及资源分布情况确定各片区的旅游地产组团布局，同时结合现有城镇公交和乡村公交形成一体化的旅游公共交通系统，通过连续的生态绿道系统，将整个区域内旅游地

产和旅游景点串联在一起，并策划贯穿整个区域的特色旅游线路，从而形成"点、线、面"结合，覆盖整个重点发展区域的旅游地产发展体系。

（3）开发控制

规划依据市域旅游地产发展组团结合现有项目对每个片区的旅游地产项目进行落地，确定发展规模与项目类型，并规划一定备用发展用地，作为旅游地产远期发展的弹性用地。采用控制导则的模式对每个旅游地产项目进行编号，并根据旅游地产用地规模、项目类型、现状农田和林地的分布情况制定相应引导策略与控制措施。

五、结语

本文从旅游地产总体规划与法定规划的关系入手，一方面希望能为旅游地产总体规划的编制提供总体思路与框架，从而对旅游地产项目的具体实施形成一定的建议与引导；另一方面也是为新形势下新规划类型的应对转型提供一种新的思路，为同类型的规划项目提供参考。

作者简介

陈卫林，上海壕域建筑规划设计有限公司规划设计师；

李　峰，同济大学城市规划硕士，上海同济城市规划设计研究院城开分院副主任规划师。

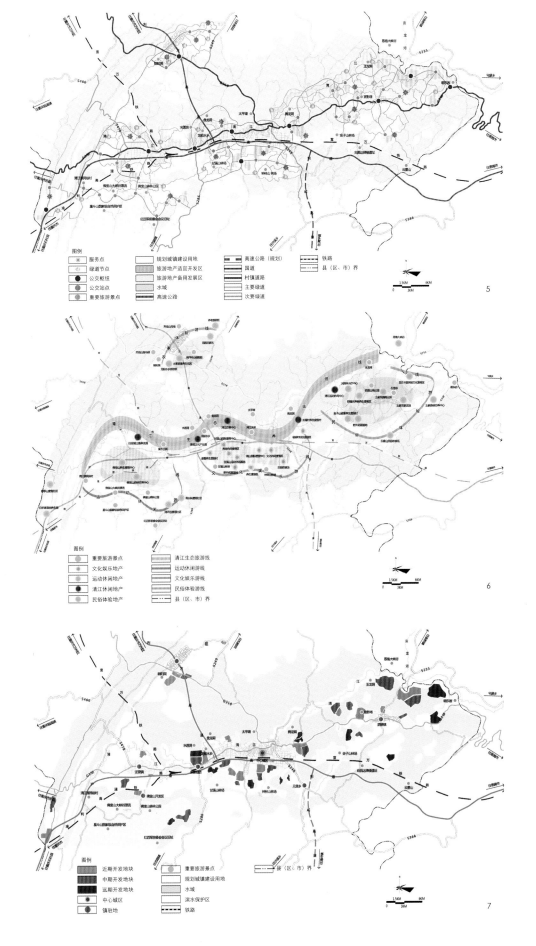

4.重点发展区域旅游地产用地布局规划图
5.重点发展区域绿道系统规划图
6.重点发展区域旅游线路规划图
7.重点发展区域分期快发规划示意图

基于知识经济用地特征的突变城市边缘区概念性总体规划研究
——法国斯构郑东新区北部区域概念性总体规划为例

The Conceptual Planning Research on the Edge Area of Mutations City based on the Land Use Characteristics of Knowledge Economy
—An Example of the Conceptual Planning Research on the North Area in Zheng Dong New District by SCAU

杨 璇 柳 璐 周 峰 沈荣辉
Yang Xuan Liu Lu Zhou Feng Shen Ronghui

[摘　要]　20世纪知识经济在发达国家兴起。世界银行在跨世纪发展报告中指出，"知识在经济增长和发展中越来越显著地发挥着主导作用。发展中经济体的落后实际上是知识水平的落后，表现在知识的创造、吸收、传播和应用等方面"。新一代的多元融合、功能完善、生态宜居的智慧市是知识经济发展的最重要载体。此次郑东新区北部区域概念性总体规划方案是一次基于规划师视角下突变城市边缘区开发的新尝试，攻克的主要问题在于如何利用战略规划的思维及整体城市设计的手法，整理在不同发展逻辑形成的不同城市形态区域，特别是突变城市边缘区现有城市建设用地混乱与缺乏，在土地管理权属不同的情况下如何进行多方面的协调与梳理。提出"黄河智慧城"设计理念，用黄河智慧金轴衔接本案与郑东新区龙湖CBD地区，充分考虑郑州老城区与郑东新区两大城市组团，研究基础设施建设与交通网络衔接，完成城市更新过程中的城市副中心与城市中心主次有序，打造用地功能布局完整且配比适宜的城市空间。将富有弹性的绿化景观廊道延伸至黄河大堤，在生态保育的同时为未来城市可持续建设预留弹性空间。

[关键词]　概念性总体规划；郑东新区；智慧城市；整体城市设计；突变城市边缘区

[Abstract]　In the 20th century, the knowledge-based economy rose up in developed countries. As the World Bank pointed out in the cross-century development report, the knowledge plays an increasingly significant leading role in the economic growth and development, and the backward developing economies is actually due to the knowledge level which is shown as knowledgecreation, absorption, transmission and application, etc. A new generation of intelligent cities, which are multi-cultural, fully functional and ecological livable, is the significant carrier for the developmentof knowledge economy. The conceptual master planning of north area in Zheng Dong new district, which based on the view of planner, is a new attempt of the edge area of mutations city development. The main problems are how to organize different morphological region which are formed in different logical line of development by strategic planning thoughts and overall urban design methods, especially how to solve the chaos and lack of construction land, and coordinate in various ways under the different management of land ownership in the existing edge area of mutations city. It is pointed out the design conceptof 'Yellow River Intelligent City', which connects the area in this case with Longhu CBD area in Zheng Dong new district by the core axis. This concept takes into full account two city clusters which are the old city of Zhengzhou and Zheng Dong new district, and studies the infrastructure construction and transportation network connecting. At the same time, it makes the city center and sub-center orderly in the process of urban renewal, and it makes the perfect layout of land function and suitable ratio of urban space. In addition, the flexible landscape corridor extends to the Yellow River levee, so it reserves the flexiblespace for sustainable construction of future city with ecological conservation.

[Keywords]　Conceptual Master Plan; Zheng Dong New District; Smart City; Overall Urban Design; The Edge Area of Mutations City

[文章编号]　2016-71-P-046

1.本案在郑州市版图的宏观区位
2.郑东新区北部区域概念性总体规划总平面图方案一
3.郑东新区北部区域概念性总体规划总平面图方案二

一、问题背景

1. 从中原经济区到郑东新区概念性总体规划策略背景

郑州市于2001年对郑东新区总体概念规划进行了方案国际招标。国内外的多家知名设计单位参与竞标。黑川纪章以突出的手笔拿下此次竞赛，随后伴随着宏观经济形势在世纪初起飞。郑东新区位于河南省省会郑州市区东部，是河南省委、省政府为落实国家中部崛起战略，实施河南中心城市带动决策，推动城镇化发展，由郑州市委、市政府根据国务院批准的郑州市城市总体规划，投资开发建设的新城区。历经10余年的建设，郑东新区已经成为全国的城镇化样板区域，在新城建设方面做出了有益探索。郑东新区开发模式是整体的策划与运营，随着郑州城市发展与郑东新区开发的不断完善，面临的问题是郑东新区既有可供开发的土地资源不足，此次北部区域概念性总体规划开发便是基于对郑东新区土地资源进一步开发的补给。

2012年底，郑州市委、市政府作出决策，将基地范围委托郑东新区管委会规划管理。作为郑东新区的北部区域，应遵循与现有郑东新区规划、建设一体化发展，可持续发展，有序建设的基本原则。因此法国斯构设计公司（SCAU CHINA）接受委任开展郑东新区北部区域概念性总体规划的编制工作。

2. 郑东新区北部区域概念性总体规划设计情况简介

规划范围位于郑州市北部，北侧紧邻中国的母亲河黄河，南侧为郑州"十二五"的重点建设区域郑东新区。基地周边有中州大道、连霍高速公路、107国道、京港澳高速公路等高等级道路穿越，是郑州前往北部地区的必经之路。具有不可替代的区位优势。

规划范围为西至中州大道，南至连霍高速、东至京港澳高速辅道，北至黄河，总面积约113.46km²；土地权属所属两个辖区，其中金水区区域面积54.22km²，惠济区区域面积56.40km²，中牟县2.84km²。

二、问题框架

1. 设计理论支撑与思路整理

（1）郑州商城与郑东新区之于郑州城市建设的角色

从时间轴来看郑州的城市建城史，从商城起步出现一个自上而下规划落地建造的王城，随后经数朝数代的发展，慢慢自下而上围绕商城形成圈层式的渐变城市发展区，也就是一种自组织模式下的城市空间有机发展，如今呈现在眼前的也就是现在的郑州老城区。郑东新区亦是黑川纪章执笔的乌托邦城市形态，跨越传统束缚另辟蹊径打造了新的"城市图章"，从规划到落地经过数十载的经营，从具有争议到事实上的郑州建设管理水平最高的区域，摇身一变使人趋之若鹜。这两个城市组团共同印证了库哈斯曾提出在城市发展进程中，突变城市是由于重大事件或建设对城市的发展产生巨大影响而形成的城市。例如美国曼哈顿，德国柏林、上海浦东陆家嘴以及郑东新区的开发已经是不再稀奇的突变型城市建设模式。

（2）郑东新区北部区域之于郑州城市建设的角色

本案所在位置恰好处在郑州市老城区与郑东新区东北方向的突变城市边缘区，现在所能做的是站在规划师视角寻求一条解决理想城市与城市在实际发展过程中产生的诸多矛盾与对各方诉求的平衡之路。就好比是哲学中的质量互变规律一样，突变城市代表着质变，而有机城市则代表着量变，两者相辅相成不可分割。这里所说的两个突变城市即郑州老城区与郑东新区，本案的区位条件则是最有利的有机城市发展区，处在协调中和突变区的最有利区位。

（3）郑东新区北部区域的发展定论

夹在两大突变型城市组团东北方向的郑东新区北部区域是在城市自组织发展模式下低效率与低质量运行的突变城市边缘区，该城市组团的发展受到诸多限制，因而不具有城市核心竞争力。长此以往是对土地资源的浪费和建设投资的浪费。在城市化日益迈进的今天，以郑东新区开发土地资源需要一定量的补给为契机此次开发务必达成高效能的城市开发与建设，成为城市逐步有机运营的初始条件。由于周边两大城市组团未来发展能量相差并不大，处在势均力敌的态势，同时因为土地权属的分裂以及现有立项项目的逐步启动，作为城市规划师所能做的是在这场土地的博弈中争取社会利益的最大化，实现两大突变城市组团与边缘区的对话与沟通，实现各分区次级城市组团的沟通（此处的次级组团指方案中的三个组团），实现黄河生态向城市社区的渗透。以此为目标设计一个组团式发展，圈层用地布局的基于知识经济用地特征下的黄河智慧城市。

2. 设计问题剖析

（1）郑东新区发展优势与问题总结

实践中，郑东新区面临和国内其他新城同样的问题：①脱离了人的尺度的城市肌理，无法延续城市文脉；②大尺度的地块和快速路建

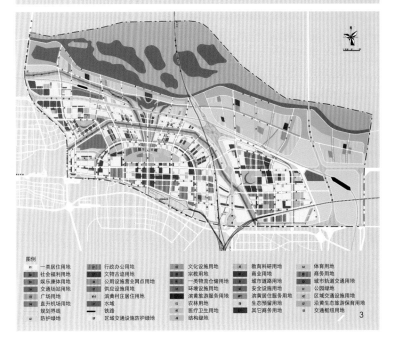

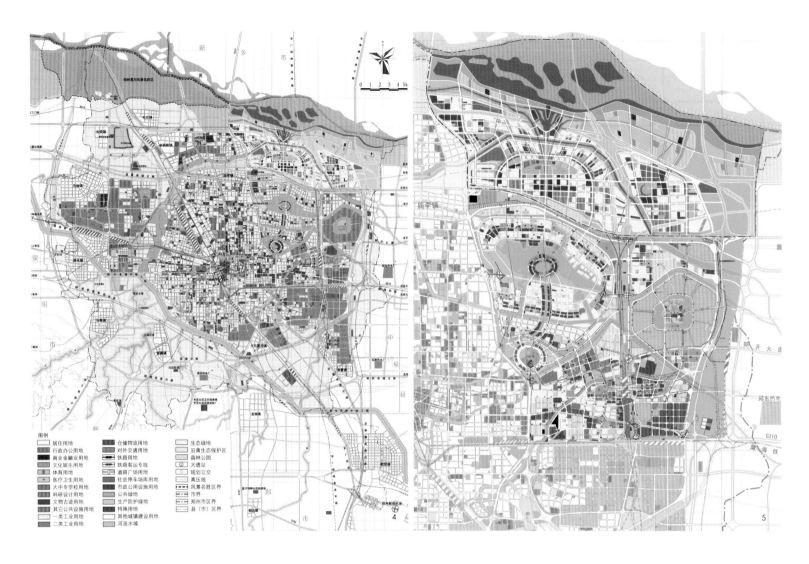

4.本案与郑州市总体规划拼合
5.北部区域与郑东新区整体规划拼合

设，助推了小汽车发展，低密度的路网降低了慢行系统的可达性；③公共空间空旷缺乏人气；④环形的路网让本地司机也常迷失方向。但不可忽视的现实情况是，如今的郑东新区的确受到市场欢迎。大量企业、商业和地产开发将这里变成了城市发展最为迅速和最为繁荣的区域。

（2）郑东新区北部区域发展优势

依托中原经济区建设郑州"东扩北移，跨河发展"的战略构想，启动此次郑东新区北部区域规划蓝图。战略性提出从背河发展到面河发展。由于区域性铁路等重大基础设施的建设，以及黄河独特的水文地质条件等多种原因，郑州城市经历了长期背河发展的时期，随着郑州市城市化进程的加快，特别是中原经济区规划的深入落实，郑州市必将迎来面向黄河发展的"黄河时代"的到来。

（3）郑东新区北部区域设计难点

在此次设计过程中要避免郑东新区现存发展问题的重演。宏观层面问题的剖析结果如下：①现状城市建设用地量与规划城市建设用地量的平衡问题；②在北部区域的土地管理权属方面，讨论如何将分区的管理促成发展的协作；③根据工业圈层理论有效置换与整理现状混乱的城市用地，实现高效集约的产城一体化格局；④由于大型基础设施、区域性交通干线及现状河流将用地切割零碎，难点在于整合劣势转变成优质生活社区；⑤总结现状已批已建和已批未建等现状园区的用地，多轮与各地块开发机构沟通协调，最大程度实现圈层式理想城市的用地布局。

总体以注重形式美感为前提来沟通郑州老城区与郑东新区的突变型发展，在其中逐一侦破各项难题。中观层面主要的问题存在于：①区域性铁路的跨河发展和城市交通网络的梳理；②基础设施的配置和郑州老城区及郑东新区的连接；③马头堡军用机场的

分期建设和周边用地的开发强度控制；④产业圈层式布局，周边辅以合理的居住和商业配套；⑤分析黄河水文地质与水系，预留绿化廊道与生态保育用地（水系形态根据造价和建成条件，提供备选方案）。

3.规划结构生成——智慧圈层、串联模式、交往城市

（1）基于知识经济的生态环境要求下：组织向河发展，增加多组团绿心，基础设施用绿带分割，防止城市蔓延发展；

（2）在各城市组团互相的联系要求下：组织智慧圈层、智慧环；

（3）在人与人交往要求下：设计小尺度街区、用地混合开发，居住办公混合，结合合村并城形成的多样化社区，结合公园及小公园体系形成完整的社区生活。

高品质的生态环境和具有归属感的文化氛围，是推动高科技人才和高新技术企业聚集的必要条件，规划的三个城市组团——祭城组团、中心组团和花园口组团。城市布局均围绕中心公园展开，每个公园既是城区的生态核，也是文化核，更是公共生活共享平台。①祭城组团突出与龙子湖高校园区的联系，绕祭城水园，布局高新技术产业园、高端商务培训基地和生态宜居社区，打造产学研结合的创新型科教基地；②花园口组团依托107国道对接北部中原新区、新乡等城市带，发展商贸物流产业，有序推进合村并城工作，打造城乡统筹、环境优美为主要特色生态宜居城区；③中心组团是规划结构的核心组团，依托轨道交通4号线的支线，延伸郑东新区如意型结构，金融外包、电子信息、文化创意为主要功能。黄河金融轴从金融服务核心区通过，是城市景观塑造的主轴线，两侧集聚金融办公，地区级公共设施，界面连续，景观多样，面向黄河，拥有最让人印象深刻的城市空间。从而将三个组团从功能布局上化散为整，分工明确。使三方诉求同时得以保障。延续黄河金轴，形成具有弹性的智慧圈层网络，环环相扣。

三、设计策略

1. 规划理念与发展目标

以"黄河智慧城——中原智谷，河滨绿城"作为此次规划理念，并设立"以金融服务、电子信息、文化创意、科技研发等为主导产业，以滨黄生态环境景观塑造为特色，构建面向国际创新创意人才的生态宜居社区，打造城乡统筹、产城融合的新型城镇化示范区"。以建设郑州具有国际竞争力的城市精品区域为发展目标。

2. 规划策略与设计落实

（1）坚持区域联动、特色发展的原则。通过南北向的黄河金融轴，与郑州市中心、郑东新区CBD双赢共生，联动发展。通过主导产业的打造地区持续发展动力，错向定位，营造地区特色产业。

（2）坚持功能提升、产城融合的原则。提升创新能力，积极引入战略性新兴产业，统筹考虑居住与就业平衡，实现产城融合，导入新型的产业业态，增强新城的服务功能。

（3）坚持集约用地、紧凑发展的原则。明确地区的增长边界，构筑布局有机，规模合理，特征显著的功能结构和空间形态，通过"环环相扣""疏密有致"的城市空间，凸显黄河智慧城的风貌特色。

（4）坚持生态低碳、传承历史的原则。强化对各类生态资源的保护，在维护市域生态空间格局的基础上，结合基本农田保护要求，推进地区结构性绿化开放空间和滨黄河生态廊道建设。加强区域内部生态空间与区域生态环境间的联系，体现地区生态和历史特色。

（5）坚持阶段性与长远期结合，动态发展的原则。

（6）坚持"一次规划，分步实施"的原则，在规划整体结构的基础上，依据马头岗机场的搬迁，确定近远期建设空间，采用"小街坊"的设计手法，使规划更具实施性和弹性。

3. 黄河金轴的建设意义——背河发展到向河发展

（1）宏观层面实现背河发展到向河发展

黄河金轴的建设是郑州城市功能提升和完善的重要契机。在郑州市"二七广场"传统商业中心和郑东新区金融中心CBD日渐完善之后，应对知识经济和体验经济的来临，城市的发展需要"智力集聚"的新一代科技中心和依托自然与历史资源的文化旅游聚地。通过环与轴不同开发模式组织突变城市间的对话和衔接，以总体城市设计的视角和工作手段完成城市与黄河的历史性联系。黄河金轴建设的意义是站在规划师的视角用理想城市设计手法连接整体城市功能—整体城市生态—整体城市文化。

（2）中观层面延续郑东新区城市结构

黄河金轴即联系了城市已建成的高等级中心，又拓展了新的发展核心，使得城市各项功能即相对集中，又联系紧密，相互促进。对促进城市、国家乃至国际等级"精品区域"建设至关重要。延续并加强郑东新区如意型城市结构，自中心向东北联系商城、如意湖、龙子湖、黄河等城市重要公共空间。向西南与常庄水库、凤凰山水源地等上游地区形成呼应。第一次在整个郑州范围内形成整体贯通的城市秩序。为郑州总体城市形态定型。

（3）微观层面形成北部区域与黄河的直接对话

在具体手法上路网、水系、景观、城市功能、地标建筑和文化遗产等均依次延黄河金轴展开，形成城市功能的轴线、城市文化的走廊和城市景观的画卷。同时在黄河金轴和圈层式城市组团交接的端头，展开大面积水域，形成与郑东新区龙湖在轴线上的收头呼应。

四、结语

郑东新区北部区域的此次概念性总体规划是对突变城市边缘区开发的一次理论结合实践的研究，站在规划师视角运用整体城市设计的手法，总结两个突变城市组团的发展特征，分析北部区域基于知识经济用地特征的土地组织需求，设计出一个既有创新，又与已建设的郑州老城区及郑东新区完整和谐的统一城市有机体。解决城市不同组团不同产业圈层的交往、组团与组团的交往，人与人的交往、城市与河流的交流等问题。最终实现"质变"到"量变"，突变城市与突变城市边缘区的有机拼合，通过此次概念性总图规划使郑东新区北部区域走上健康并富有弹性的有机城市发展之路。最后特此鸣谢郑州市城乡规划局，郑东新区管委会规划局，郑州金水科教园区管委会，郑州惠济区规划发展中心等各职能单位对本文章编写过程中提供的人力物力支持。

作者简介

杨　璇，法国斯构设计公司（SCAUCHINA）合伙人/规划设计总监；

柳　璐，法国斯构设计公司（SCAUCHINA）城市规划师；

周　峰，法国斯构设计公司（SCAU CHINA）城市规划师；

沈荣辉，法国斯构设计公司（SCAU CHINA）建筑师。

项目设计单位：法国斯构设计公司（SCAUCHINA）

项目总设计师：Xavier MENU

项目负责人：杨璇

目标型非法定规划
Conceptual Plan for Target

1.整体鸟瞰图
2.剑桥科技园不同阶段的科技服务研究
3.初创园空间布局模式示意
4.研发园与研试园空间布局模式示意

促进创新为导向的科技城空间规划策略
——以宁波新材料科技城为例

Spatial Planning Strategiesto Promote Innovationin Science and Technology City
—Taking Ningbo New Materials Science and Technology City as an Example

袁海琴
Yuan Haiqin

[摘　要]　本文以宁波新材料科技城为实例，探讨科技城空间规划策略。在回顾创新一般理论的基础上，文章认为科技城本质上是集聚高创造性智力劳动的研发导向型创新空间，规划应体现科技城的特点，构建创新活动与空间需求之间的联系，以促进创新为导向进行空间规划，核心要求在功能业态和空间塑造等方面面向创新主体的特点、面向创新过程的需求、面向创新人群的喜好。

[关键词]　创新；科技城；规划策略

[Abstract]　Taken Ningbo new materials science and technology city as an example, the article discusses the space planning strategy of science and technology city. On the basis of reviewing the general theory of innovation, the article thinks that science and technology city is essentially a high concentration of creative intellectual labor, planning should reflect the characteristics of the city of science and technology, build the link between innovation and space requirements, promote innovation oriented space planning, core embodied in facing characteristics of innovation subjects, facing demands of innovation process, and facinghobbiesof innovation people.

[Keywords]　Innovation; Science and Technology City; Planning Strategy

[文章编号]　2016-71-P-050

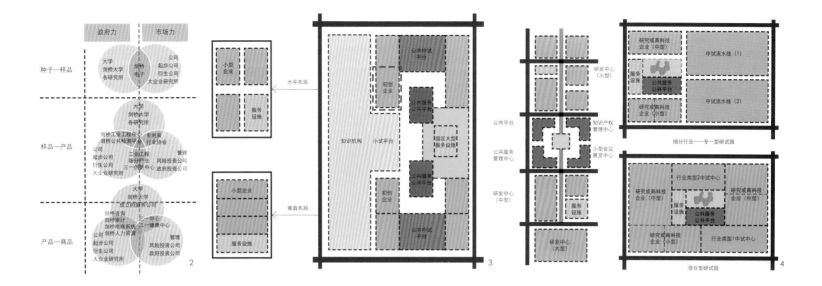

随着全球新一轮科技革命和产业变革的孕育兴起，国际经济竞争更加突出地体现为科技创新的竞争，创新能力成为国家和城市竞争力的核心组成部分，科技城随之成为各城市推动创新发展的重要载体。在此背景下，很多国家和地区举全国、整个区域或城市之力来建设科技城，以促进创新、推动产业升级和区域振兴。

近年来，国内兴起发展建设科技城的热潮，北京、杭州、武汉、天津等众多城市纷纷着力推进科技城的建设与规划。但是很多科技城的规划和建设因循守旧，和一般城市地区的规划并无二致，不能真正体现促进科技创新发展的需要。本文希望以宁波科技城规划设计为例，初步探讨在科技城规划中如何体现科技城的特点和需求，以促进创新为导向进行空间规划。

一、创新的相关理论综述

1912年美籍奥地利经济学家熊彼特首先提出"创新理论"并用以解释经济发展，认为现代经济增长是沿着"创造性地破坏"（"The creative destruction"）这一路径演进，即毁灭过去的工业和消费模式而转向新的经济增长模式。近年来，经济学、地理学、城市规划等学科从不同侧面、不同空间尺度对创新进行了研究。

美国传播学者Everett M.Rogers于20世纪60年代提出创新扩散理论（Diffusion of Innovations Theory），认为整个技术扩散过程类似一条"S"形的曲线。[1]之后出现的技术采用生命周期模型描述了新技术产品在市场中的渗透过程，GeofferyA.Moore对该模型进行了修正提出"峡谷理论"，指出技术采用生命周期的各个阶段存在不同程度的差异，有着四条模型的裂缝，有远见者和实用主义者之间的裂缝最大也最隐蔽，将其定义为"峡谷"。[2]

创新城市相关的研究把城市的创新视为主体间及环境相互作用及互动的过程，强调从创新城市的硬件及软件，恢复城市的活力。众多学者对影响创新城市形成的重要因素进行了归纳和论述，分别提出了"创新7要素理论"、"3T理论"、"3S理论"等。[3]

在创新主体的相关研究方面，1993年6月在国际科学工业园协会第九届世界大会上，提出的三元参与理论[4]成为科技园区发展的基本理论。亨利•埃茨科威兹（Henry Etzkowitz）在2013年提出三螺旋理论，认为在知识为基础的社会中，大学、产业和政府三者之间的相互作用是改善创新条件的关键，是推动国家和地区创新发展的根本动力。

曾鹏等对当代的城市创新空间进行初步研究，认为城市创新空间是一个从内部核心到外围支持的有机组织结构，从宏观的角度，创新系统的区域布局包括智慧圈、智慧丛、智慧簇群、智慧单元几个层级，在空间布局结构上呈现出"巨构"建筑倾向、均质散点式布局倾向、田园化布局倾向等特征。新产业区作为城市的重要创新空间，一些学者对城市的科学城、高新技术开发区等创新空间进行了案例式的研究。

二、促进创新为导向的科技城空间规划理解

1. 科技城作为城市创新空间

科技城是近年来兴起的城市科技创新与产业转型升级的空间载体，不同于改革开放后的经开区和20世纪90年代火炬计划后的高新区，科技城并非国家或部委授牌，但却受到城市政府的热捧，各地政府纷纷建设科技城，结合城市自身特点，在推进创新创业、科技成果转化、人才引进、产城融合等方面进行积极探索。

科技城本质上是集聚高创造性智力劳动的研发导向型创新空间，人们会感性地认识到，创新空间与生产空间在空间形态和氛围上呈现出不一样的特征。正如卡斯特尔和霍尔在《世界的高技术中心——21世纪产业综合体的形成》一书中写道，"20世纪末期出现的新经济也有自己相应的形象"，和"19世纪产业经济的形象就是煤矿、铸造厂、生产厂房"不同的是"它由一排排低矮而设计精致的建筑物组成，通常显示出某种宁谧而优雅的情调。这些精美的建筑坐落在无懈可击的景观之中，充满了校园式的气氛"。可以看到，与一般形容生产性空间的效率、单调不同的是，创新空间被希望塑造成精致、优雅的氛围。

2. 构建创新活动—空间需求之间的联系

科技城的空间规划的核心命题是以促进创新活动为核心要求，其根本的途径是构建创新活动与空间需求之间的联系，从而以创新的空间需求来指引空间的规划策略。

（1）面向创新主体的特点

创新主体是具有创新动力和能力的、创新投入、活动和收益的承担者。熊彼特在创立其创新理论时，创新主体主要是指企业家，随着对创新理解的泛化，人们认为创新领域是广阔的，不仅包括技术创新，也包括制度创新、文化创新等内容，相应的，创新主体也是多元的，可分为理论创新主体、技术创新主体、制度创新主体等。本文探讨的科技城承载的创新主要是狭义的创新，即技术创新。大量案例研究表明，各地的创新模式不同，创新主体不同。一般来讲，创

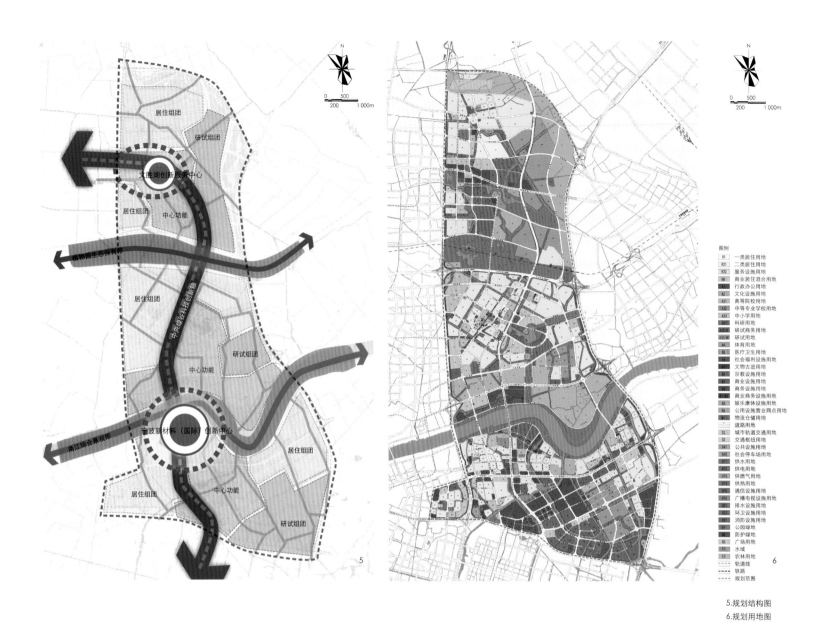

5.规划结构图
6.规划用地图

新主体分为高校、知识机构、企业不同性质的主体形式，也融合了大、中、小等不同规模的主体类型。[5]

科技城的空间规划需要面向创新主体的特点。不同的创新主体有着一些相近的创新需求，同时由于性质和规模的不同也会呈现出不同的创新空间需求。在规划中需要仔细分析科技城创新主体的自身特点，总结出主要的主体对于创新空间和业态方面的要求，从而在空间规划中予以落实和满足，才能更好地适应创新主体的需求，促进创新活动的顺利开展。而且由于科技城的创新大多是与规模生产结合紧密的应用性创新，因此创新主体均会比较关注小试、中试用地的规模和布局，以及与规模化生产空间的联系，以便于在一定合适尺度距离范围内构建研发-生产网络。这种研发与创新网络的构建会进一步促进创新的生成，正如在硅谷可以观察到的那样，在20km半径范围内形成的研发与生产的互动网络是硅谷创新源源不断产

生的关键因素之一。

（2）面向创新活动的需求

创新活动包括了研发到转化到生产的全过程，在这个过程中创新从种子形成样品、再进入规模生产环境成为产品，并进入市场成为商品。在这全过程中，科技服务对创新活动起着决定性的支撑作用，正是贯穿这个过程不同阶段的各种科技创新服务促进和保障创新活动的顺利进行，收获一项项创新成果。

剑桥科技园等国内外案例研究的经验告诉我们，在不同的创新活动阶段需要提供不同的科技创新服务内容：①在种子—样品阶段，推动知识结构成果外溢是关键，这个阶段技术检测平台、技术服务平台和网络技术平台等是重点；②在样品—产品阶段，科技服务重点在于保障助力研发产业化过程，产研转化中心、知识产业中心更为重要；③在产品—商品阶段，推动产业广泛拓展和市场化是关键，这个阶段最

需要各类创新服务中心（风投、咨询、法律等）、成果交易中心和展览展示中心等科技服务功能和空间。

（3）面向创新人群的喜好

创新人群是富有创新精神和创造力的一群人，虽然从事不同职业，一般来讲有以下共同特点：①高知人群，受教育程度普遍较高；[6]②青年人为主，年龄结构年轻化；③工作压力大，活动少、喜欢宅；④外表低调、内心丰富，一般有强烈的个性和自我表达倾向等。在城市空间上，首先在居住业态的选择、服务业态的选择等往往有一定的偏好性，比如对于咖啡馆等非正式交流空间的偏爱，健身设施、文化艺术类设施的需求等。此外，他们往往偏好于类似大学校园的科研办公环境，有着浓郁的人文氛围，整体环境优美、错落有致，也有着低成本服务空间能促进他们的交流和流动。在宁波的调研中有63%的科研人员选择此类办公环境作为他们的理想工作环境，开放性和

多元化的氛围能促进创新活动的产生。

三、宁波新材料科技城的概况介绍

宁波面临经济转型和城市转型的双重关口，需要新的产业功能高地，以应对传统发展模式面临巨大调整、民营经济的优势不再、产业创新滞后等困境，从而引领城市的转型升级。另一方面，在长三角日趋区域网络化阶段，城市之间的竞争往往成为关键性节点之间的竞争，甬舟一体化的新形势下也需要新的制高点引领地区参与分工协作。在此背景下，宁波借鉴国内外城市发展科技城的经验，结合自身在新材料产业方面的优势建设宁波新材料科技城。

（1）科技城选址与现状

宁波新材料科技城位于宁波市大东部地区的甬江两岸，作为中心城区的东侧门户地区，紧邻东部新城和镇海新城核心区。具体规划范围四至分别为，南侧至通途路、北侧至宁波绕城高速、东侧至宁波东外环线、西侧至世纪大道（东昌路），面积约58.3km²。选址有着明显的核心优势，是宁波大东部核心功能板块，起到统领东部、创新驱动的作用，也是甬江沿线的节点性地区，同时基地内拥有研究机构和研究性企业为代表的丰富创新基础和丰盈的人文积淀。

（2）科技城发展定位

宁波新材料科技城以科技与创新发展为主线，将科技城核心区打造成为具有影响力的"国际'新'创中心，科技领'秀'之都"，重点培育和提升三方面主体功能，分别为具有国际影响力的新材料创新中心、城市级的科技服务中心、具有创新空间特质的示范品质城区。

国际"新"创中心：以创新为主线提升宁波科技创新能力，延伸产业链条，促进宁波传统制造全面转型升级，推进宁波城市国际化建设，打造国际一流，国内领先的新材料创新中心，建设宁波创新驱动先行区。

科技领"秀"之都：作为大东部地区的重要组成部分与东部新城一起引领宁波大东部发展，建设成为高端人才的集聚区、生态智慧的新城区。

（3）科技城空间结构

规划形成"一轴两带双中心"的总体空间结构。"一轴"即串联科技城核心区南北的中央绿谷科技创新轴，是大东部地区新产业发展带的核心组成部分。"两带"为东西向的两条生态景观带，分别为植物园生态保育带和甬江综合景观带。"双中心"分别为宁波国际新材料创新中心和文体湖新材料科技服务中心。其中，宁波国际新材料创新中心为市级的科技创新中心，与东部新城核心区构成组合中心，成为中心城区双核心之一。

四、促进创新为导向的宁波新材料科技城空间规划策略

1. 面向创新主体的研发空间打造策略

规划通过前期充分的企业调研，发现大型、中型和小微企业以及科研机构在创新空间诉求上的不同特征，总结出宁波新材料科技城的创新主体在研发需求、空间需求等方面的需求特征。

（1）多元业态应对主体的多样需求

不同类型的企业及不同规模的企业对创新链条中研发与小、中试空间的结合模式要求有着明显的差别。规划综合分析不同类型创新主体的空间需求后，统筹布局相应的业态空间。分为三类科研创新业态，即独立地块研发楼（园）、初创园和综合研发（研试）园。

①独立地块研发楼（园）：预留一定的增量用地，打造研发大厦和独立研究小园等业态，吸引龙头型创新主体，确保诸如综合性大学、国际性研究机构、世界500强企业研发总部等的空间需求。

②初创园：打造初创园，重点扶持孵化大量的小微型瞪羚企业。初创园一般紧邻知识机构，亦可包含科研机构，形成多个独立的小型企业研发办公空间，提供公共的中试、小试空间，提供科研、试验、小型生产一体化的服务，用地规模在20~50hm²。

③综合研发（研试）园：建设完善园区，打造研发园、研试园等，面向大中型多元企业的创新需求。研发园主要针对高端研发总部的集聚需求和企业发展过程中研发中心脱离生产线等情况而设置，以街区型、花园型的空间建设模式为主，主要包括工作休憩的公共空间、科研创新所需的公共服务管理中心、知识产权管理中心、小型会议展览中心等科研服务设施，但园区内不设置研试空间，一般占地面积约为50hm²。研试园主要针对中试流水线有需求的企业及科研机构设置，可分为混合型研试园和专一型研试园。混合型研试园为行业类型相同的企业、科研机构提供可共享的中试中心，专一型研试园为园区企业、科研机构提供独享的中试空间，一般用地规模在100hm²左右。

（2）保证中试、生产用地，促进创新转化

规划借鉴国内外科技城的经验，核心区内控制中试生产类用地比例在10%左右，关注小试、中试用地布局，以及与规模化生产空间的联系，在一定合适尺度距离范围内构建研发一生产网络。规划细分科研类用地类型，引入弹性、动态的控制和引导原则，市场化引导创新产业用地。

表2　宁波新材料科技的科研类用地弹性引导

业态		用地控制与指引	弹性引导
高端研发	研发园	A35	中小型企业主导
	研发总部	A35	龙头及大型企业主导
研试园		A35/M1	结合政策，弹性操作。产业用地主导，研发用地比例大于30%。研发用地主导（控制研发比例大于50%）
初创园		A35/M1	研发与产业用地混合，以研发用地主导（控制产业用地比例小于30%）
知识机构	研发机构	A35	研发机构
	高校	A33	高等学校

2. 面向创新过程的科技服务提升策略

宁波新材料科技城现状科技服务总体不足，主

表1　　　　宁波新材料科技城关于创新空间需求的企业调研

	创新类型	代表企业	研发部门特征	创新空间需求
大型企业	行业龙头、主动的原材料和产品创新	宁波博威集团、万华聚氨酯	这类大型企业已经成为细分产业标准的制定者，一般拥有百人以上独立的大型研发中心，主动进行原材料创新研究和产品创新	研发、小试、中试空间与规模生产需要分开
中型企业	产品的创新、工艺的提升	宁波永久磁业、浙东精密铸造、激智科技	生产环节是核心，迫于制造利润的下滑必须通过产品的更新换代和生产工艺的提升来提升产品利润、降低生产成本。一般5亿产值是个门槛，超过5亿产值一般会设立小规模的独立研发部门，10人团队左右，主要负责产品稳定性检测和部分工艺更新的研发，生产核心环节创新人需要外包科研机构	研发功能属于扩张期，在空间上研发和生产空间往往是结合的
小微企业	初创企业，创新技术产业化的生力军	宁波朝露	是通过研发机构的外溢创立，企业拥有核心技术。有独立的研发部门，研发带头人加操作人员，10人以内的研发团队	研发与生产合并设置
知识机构		中科院材料所、宁波大学	宁波大学、宁波工程学院等学校纷纷成立材料学院；积极拓展海洋工程与装备方面的研发能力；基于已有的工程实验室与企业共建研究中心；中科院材料所有成果主动转化的发展思路，建设初创园	需要独立的地块

7

要体现以下三个方面：①服务型企业总量不足；②创新服务平台以检验、检测为主，产研转化促进不足；③生产性服务体系等级和规模均不足。

（1）业态策划，关注全过程科技服务

深入分析宁波现状创新服务基础，规划关注科技城创新活动全过程的科技服务需求，并通过一系列旗舰型项目引导和推动科技服务中心的塑造。

①公共平台保障创新转化：首先分级统筹城市级和园区级一系列公共平台，来促进创新转化，通过逐步推进科技城科技创新中心、科技人才综合服务中心、知识产权大厦等一重要项目的建设来提升公共平台服务水平。

②科技金融助力创新簇群：强化风险投资对宁波创新创业企业的培育，并提升金融、法律、咨询等科技型生产性服务对企业的综合服务能力。

③总部商务凸显创新品质：重点关注打造科技型总部商务区，引导三大创新型商务簇群，不倡导一般总部商务楼宇的过量建设。重点建设院士路两侧（高新区）总部商务园区、甬江两岸科技创新型总部楼宇区和北部沿镇海大道商务街区。

④展览交易拓展创新势能：科技城发展会展及产品、技术交易服务强化创新势能的拓展，主要包括成果展示中心和技术成果与产品交易中心等。

表3　科技服务重要项目业态策划

	编号	重点项目名称	规模等级	区位选择偏好	规模（万m²）	分期建议
公共平台	1	城市级科技创新中心	城市级	环境优越交通便利	8～10	近期
	2	科技人才综合服务中心		临近城市中心配套完善	30	近期
	3	知识产权大厦		环境优越	2～3	远期
科技金融	4	科技金融园		临近城市中心配套完善	45～60	近期—远期
	5	宁波风险投资大厦		临近科技创新中心配套完善	10～15	近期
总部商务	6	院士路两侧总部商务园	片区级	片区核心	50～60	近期
	7	甬江两岸科技创新型总部商务园			45～55	近期—远期
	8	镇海大道商务街区			30～40	远期
展览交易	9	科技城会展中心	专业级	环境优越交通便利	3～5	近期

7.新材料国际创新中心效果图
8.文胜湖片区级创新服务中心效果图
9.甬慧湾新材料国际创新中心城市设计平面
10.文胜湖片区级创新服务中心城市设计平面图

9

10

（2）重点打造南北两大中心，引领科创服务

重点塑造北面文胜湖和南面甬江湾头一湖一湾两中心，提升宁波新材料科技城的科技创新服务功能，也形成地区的形象塑造焦点。

南部甬慧湾新材料国际创新中心为城市级创新服务中心，整体形成"十字延伸，拥江塑心"的格局，包括甬江两岸南北两个组团，形三大主导功能板块。①科技研发功能，具体位于甬江南岸科研总部区块，整体环境优美，建筑密度较低，以中央绿谷带为轴线，跨江对接北岸宁波帮文化公园轴线，包括智慧园、科技创新中心等。②科技研发配套服务功能，主要包括科技金融园、人才公寓、风投大厦等公共服务平台，沿院士路东侧及江南路北侧布局。③城市公共服务功能，具体为与甬江北岸院士路两侧地块，在院士路以西沿甬江滨水绿带以北布局滨水商业街，结合北侧东西向支流水系，提升滨水区活力。院士路以东桥头地区结合轨道交通站点开发布局酒店、商务咨询功能。公共开敞空间方面，南北向打通多条垂直道路到达甬江，增加滨江地区可达性。对接宁波帮公园轴线、滨江公共绿带、东部新城的绿化网络，从而形成中央绿地廊道，融入整个大东部形成的网络-节点的生态网络体系。

北面文胜湖规划为片区级创新服务中心，对接西侧镇海新城箭湖商务文化核心，主体功能包含高端研发、商务办公及研发公共平台。以镇海大道为主要交通轴线和功能轴线，借鉴校园的设计手法，通过中心筑湖构筑景观与精神的核心，结合现状雄镇林带打造中央绿脊延伸内水网。整体布局错落有致，满足功能需求的同时建筑空间高低错落有别，体现主题气质，形成多元特色空间。研发功能片区采用园区式布局，核心区中心则相对高强度开发。

3. 面向创新人群的宜居城区塑造策略

（1）完善居住与服务业态

现状较为单一的居住供给、与创新人群需求不相匹配的商业休闲设施是创新人群无法宜居生活的重要原因。规划应对多元创新人群的需求，在现有的商品房之外，强化国际社区、人才公寓、保障住房等多元业态的供给，多元的居住空间业态增强对创新型人才的吸引力。其次，在公共服务配套方面，结合国家和地方配置标准之外重点拓展与创新人群需求密切相关的公共服务设施的供给和布局，如健身设施、国际学校、文化艺术场馆等。在商业休闲配套上，针对创新人群的消费需求特点，提出科技城中的商业休闲设施应更加关注两个层级：一是高端、时尚、综合的片区级商圈服务设施，包括大型综合购物中心、时尚特色的商业休闲街区等；二是小资、特色、均质的社区商业休闲设施，以创智邻里中心为主。

（2）校园式空间塑造：融校于城，融城于校

类似大学校园氛围的塑造是科技城空间设计的关键，规划结合现状特点，提出南部融校于城、北部融城于校的设计策略。南部结合大面积建成区的现状情况，规划采用"织补空间"与"边界渗透"的设计方法，利用现状学校与植入功能区产生互动，体现"融校于城"的设计思想。"织补空间"挖掘可利用和改造地块植入初创园、研发园、甬江商务文化中心三个重要新功能区。"边界渗透"则是通过整理学校与城市紧邻的交错空间，促发不同的社会空间与城市产生丰富而积极的交流。北部针对较为空白的现状，借鉴校园规划的设计方法，以中心筑湖、组团状空间形成整体布局，并学习校园大气开阔、错落有致的空间特征，形成"融城于校"的空间氛围。

（3）构建活力网络，打造创智生活

面向创新人群的活动需求，规划构建蓝绿景观网络、慢行交通网络、创新活力网络等多个相互叠加和融合的活力网络，打造创新人群喜爱的创新空间网络。

蓝绿景观网络：通过贯通甬江滨江路、改变水系岸线利用方式、局部汇水成湖的设计方法，梳理现状蓝网、水脉提升景观的渗透力、可达性与可识别性。结合现状已有的世纪公园等共同打造了"四湖十园，波光绿苑"的景观格局。

慢行交通网络：由独立步行道、独立慢行道（步行与非机动车）、非机动车廊道组成慢行交通网络。独立步行道以中央绿谷为主轴串联了主要的公园绿地、滨水空间、校园及科研机构；独立慢行道串联各个片区、组团节点、大面积连接了城市生活功能片区；非机动车道结合宁波市非机动车廊道规划，将主要滨水绿地空间作为自行车线路。

创新活力网络：规划健身场地以300～500m为半径，结合公共绿地及慢行步道布局，原有学校运动场地非教学时间向社会开放；创智邻里以1 000～1 500m为半径结合居住区公共设施布局，主要提供生活配套等服务；工业邻里以1 000～1 500m为半径结合研试园区布局，主要包括休闲活动场所、提供产学研配套服务。

五、结语

科技城作为集聚高创造性智力劳动的研发导向型创新空间，空间规划应体现科技城的特点，构建创新活动与空间需求之间的联系，以促进创新为导向进行空间规划。在宁波新材料科技城规划设计的基础上，初步总结出关键是在功能业态和空间塑造等方面面向创新主体的特点、面向创新过程的需求、面向创新人群的喜好等。本文的初步探索抛砖引玉，空间规划如何引导科技城的创新发展、促进创新活动的产生还需要今后持续深入的研究和实践来进一步深化认识。

注释

[1] 早期采用者很少，进展速度也很慢；当采用者人数扩大到居民的10%～25%时，进展突然加快，曲线迅速上升并保持这一趋势，即所谓的"起飞期"；在接近饱和点时，进展又会减缓。

[2] 当高新技术的产品或服务在首次进入市场时，当由创新者和有远见者组成的用户数量达到2.5%—16%之间就表明企业开始进入"峡谷"阶段，要想被大众接受就必须找到某种介质跨越峡谷。

[3] 其中，Landry（2000）的7要素理论认为创新环境建立在人员品质、意志与领导素质、人力的多样性和各种人才的发展机会、组织文化、地方认同、都市空间与设施、网络动力关系这七大要素上。Hospers（2003）的3要素认为集中性（Concentration）、多样性（Diversity）和非稳定状态（Instability）引发创新。Florida（2003）的3T理论认为技术（Technology）、人才（Talent）和包容度（Tolerance）决定一个地区的创新可能性。Glaeser（2004）的3S理论认为技能（Skill）、阳光（Sun）和城市蔓延（Sprawl）是触发创新的核心因素。

[4] 在三元结构中，大学作为科技园的"学术发动机"，是创新资源的主要提供者，企业界作为科技园的"产业发动机"，是资金的提供者和市场的开拓者，政府作为科技园的"强大后盾"，是协调者，创造了一个良好的环境，促进了创新要素的有效配置。

[5] 比如，中关村是知识型创新的典范，以国家级高校及科研院所为主要的创新主体，据不完全统计，中关村集聚了清华、北大等一流大学院校，全国约三分之一的国家重点实验室和国家工程技术研究中心，高校、科研院所的有效发明专利数占全市总量的约70%。而企业型创新的深圳，其创新主体是本土民营企业为主，727家技术开发机构中的679家设在企业，约占94%。

[6] 李振华（2008）对上海市创意阶层的实证研究表明，上海从事创意产业的人群中，本科学历占81.5%，硕士占17.3%，博士占1.2%。

作者照片

袁海琴，中国城市规划设计研究院，高级城市规划师，上海分院二所所长。

城市远郊产业集聚区产业发展与空间构建模式探索
——杭州大江东产业集聚区规划的研究启示

Explore on Industry Development and Space Construction Mode of Industrial Agglomeration Area in City Suburban Area
—Several Researchenlightenment from Plan for Hangzhou Dajiangdong Industrial Agglomeration Area

邵 玲 朱 剡 黎 威 伍 敏
Shao Ling Zhu Yan Li Wei Wu Min

[摘　要] 新常态背景下，杭州大江东产业集聚区作为城市远郊产业新区，在产业发展和空间组织方面面临着新的挑战。针对挑战，规划从区域视角明确定位、风险视角谋划路径、特色视角营造空间，提出产业创新发展、结构弹性发展、空间集聚发展和功能融合发展四大策略。在明确总体空间结构的基础上，规划对中心区展开进一步城市设计，提出风车之城•智慧之谷的核心设计理念，并通过五大设计策略予以落实。

[关键词] 产业集聚区；新常态；全产业链；集聚发展；产城融合；城市特色空间

[Abstract] Along with the Chinese economy entering "New Normal", Dajiangdong industrial clustering zone which is located in the suburb of Hangzhou, is confronted with new challenges both in the industrial development and spatial organization. The planning meets the challenges by specifying targets and functions from the height of the surrounding area, designing a low risk development path, and creating attractive space. The plan proposes four strategies: innovation in industrial development, structural flexibility, space agglomeration, and integration in functions and development. On the basis of a clear overall spatial structure, a further urban design for the central area is started, which put forward the city of Windmill • the valley of wisdom as the design concept, and implements it through five major design strategies.

[Keywords] Industrial Agglomeration Area; The New Normal; The Whole Industry Chain; Agglomeration in Development; Integration of Industry and City; Urban Characteristic Space

[文章编号] 2016-71-P-058

1.环湾产业带新城及产业区分布图
2.规划空间结构示意图
3.两带融城结构示意图
4.绿地系统规划图

　　大江东位于杭城之东、钱江南岸，是浙江省十四个产业集聚区之一，也是新一轮总体规划确定的城市副中心。经过十年建设，大江东已经集聚了一大批优质企业，具有较强的产业发展基础，但同时也存在距离杭州主城区过远、缺乏成熟的城市依托等现实问题。2014年8月，大江东管委会成立。在一个主体的新背景下，大江东管委会组织重点开展了"大江东战略规划"、"大江东中心区概念规划及核心区城市设计"两轮国际竞标，选拔优秀方案。中规院上海分院的团队在这两次重要竞标中均获得了第一名的好成绩。本文就两轮规划中的一些理念与研究创新谈几点启示。

一、规划定位与战略目标

　　本次规划对大江东的总体发展定位为：长三角智慧产业高地、生态休闲目的地、环杭州湾产业创新中心、杭州市城市副中心。提出这样的目标定位，主要基于以下两点考虑：

　　（1）区位变化：从城市尽端到区域节点

　　随着长三角地区重大交通基础设施建设，大江东地区成为环杭州湾区域的重要交通节点。从高速公路网络上看，大江东地区位于环湾通道与江浙通道交汇处。规划杭甬高速公路复线、苏绍高速公路经过大江东，使大江东地区与长三角周边城市（上海、宁波、苏州等）的交通联系更加便捷紧密。从铁路网络看，浙江省铁路网规划明确新建沪乍杭铁路，将成为杭州联系上海的第二铁路通道，串联沿海最重要的城市新区和产业园区，是未来联系大江东及杭州湾北岸地区最为重要的区域城际客运交通通道。从机场来看，萧山机场已经成为浙江省第一空中门户，大江东距离萧山机场5km，处于国际空港的紧邻空港区和交通走廊区。

　　在交通网络的支撑之下，大江东从杭州城市尽端成为面向长三角南翼的门户。这一地区覆盖了上海、宁波等长三角核心城市，是中国东部地区最大的市场腹地。门户区位使得大江东成为极富潜力的战略性地区。

　　（2）需求变化：从生产用地到服务核心

　　环杭州湾产业带升级亟须区域性创新研发服务。环杭州湾是浙江省最重要的产业空间，在全省14个产业集聚区内，环杭州湾地区就占有7个。在新

常态的背景下，浙江经济全面进入转型升级的新阶段。环湾产业区块开始进入发展的第二、第三阶段，注重服务提升和复合功能。在此过程中，有一部分功能，如城市生活服务配套、中小企业培育，可以通过自身完善来解决，而另一部分功能，则需要通过区域协同实现，例如区域性的科研院所、面向环湾产业的高层次公共研发平台、大型检测中心等。而这些面向区域的产业创新功能目前是缺失的。

　　杭州大都市区寻求外围服务节点和创新节点。大都市郊区由于临近主城的交通条件和相对较低的用地成本，在新一轮的转型中有着更大的灵活性和更强的市场竞争力，最容易从原来的工业基地、城乡接合部成为新兴功能的创新策源地。随着二绕的建设，杭州的圈层格局开始出现。第一圈层注重综合性的城市功能，第二圈层偏重专业化职能和特色化的空间。根据长三角的企业大数据平台，可以看出从2003年至2013年，杭州市的科研活动开始向30～60km圈层拓展。而在不同的方向上，也呈现出差异化的特征：城西山水环境优越，结合幽静的空间特质，发展文化产业、互联网产业等与环境紧密结合的新兴产业。而大江东所在的城市东向则位于区域交通走廊上，侧重发

展面向区域的生产环节，以及与之紧密结合的科技创新、研发设计功能，是杭州硬实力的主要载体。

在这两大变化的背景下，我们认为大江东产业集聚区位于环湾产业带和区域交通走廊上，具备依托杭州、紧邻空港的双重区位优势。同时，在滨江景观条件优越、临近主城势能较强的地区，有充裕的土地储备和良好的先进制造业基础，有着显著的资源组合优势。大江东完全可以成为引领杭州湾产业转型升级的核心区。

二、主要空间规划思路

从空间区位上来看，大江东距离中心城区近端30km，远端60km，属于杭州的外围组团。从尺度上来看，大江东陆域面积约355km²，是杭州市规模最大、形态最完整的增量空间。我们判断在未来的发展中可能面临四大挑战，并就此提出空间对策。

（1）彰显浙江模式的优势

浙江模式是以民营经济为主要推动力的发展模式，具有强大的内生活力。李克强总理提出："以大众创业培育经济新动力，用万众创新撑起发展新未来"，为浙江经济转型发展指明了方向。而近年来大江东的产业发展路径，是以简单的招商引资为主，既未能充分激发民营经济的内生动力，在新形势下也面临着更大的风险。

规划提出"创新增量"的产业提升策略，通过植入创新功能，培育内生经济，推动产业的转型提升。产业发展路径上，打造从创新策源到创新成果转化，再到创新产业规模化生产的创新生产全产业链。以高教园区和科研平台为核心构建创新的策源地；以创新单元嵌入园区服务，促进创新的成果转化；以专类园区强化特色优势，实现集群化的产业发展。重点打造民营创新最佳实践区，通过优质环境和创新服务，吸引民营企业高附加值环节的集聚。

（2）应对新常态下的不确定

中国经济发展进入新常态，产业和人口的增长从高速逐渐转向平稳。在此背景下，355km²的大江东，在未来的发展中面临着较高的不确定性，需要在发展路径和空间结构上予以应对。规划提出"成组成团成带"的发展策略，通过组团模式，实现城市的弹性生长，有效的应对发展中的风险。

首先，确定合理的开发边界和结构廊道。在对大江东的生态要素分析基础上，借鉴国内外新区建设的经验，确定40%为大江东地区的远景开发率，划定禁建区严格保护。并按照江海汇田的生态控制策略，形成系统的生态网络构架，作为组团的生态隔离廊道。其次，以重要的公共交通走廊作为生长的轴带。按照TOD的发展理念，以城市快速轨道为骨干，与有轨电车等中运量公交共同形成公交走廊，成为空间生长的轴带式框架。轴带上串起多个发展组团，实现梯度推进的发展模式。第三，组团内部形成"智慧园区加未来社区"的组织模式，保证组团发展的各个阶段都有充分的就业、居住和服务，实现工作圈和生活圈的融合，回归将创业融于休闲的杭州生活方式。

（3）规避新城建设的风险

众多新区的发展经验显示，风险与机遇并存。新区的成长多伴随政策优惠和名声优势，但同时也面临着城镇培育缓慢、文化脉络断裂的风险。

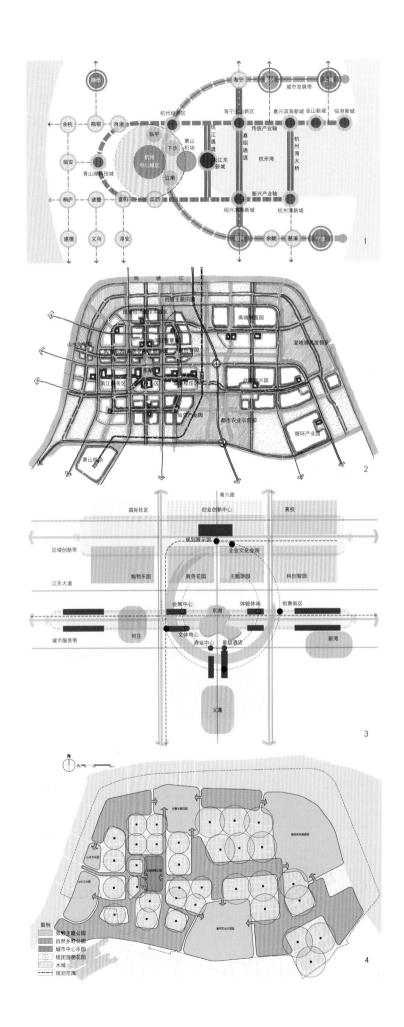

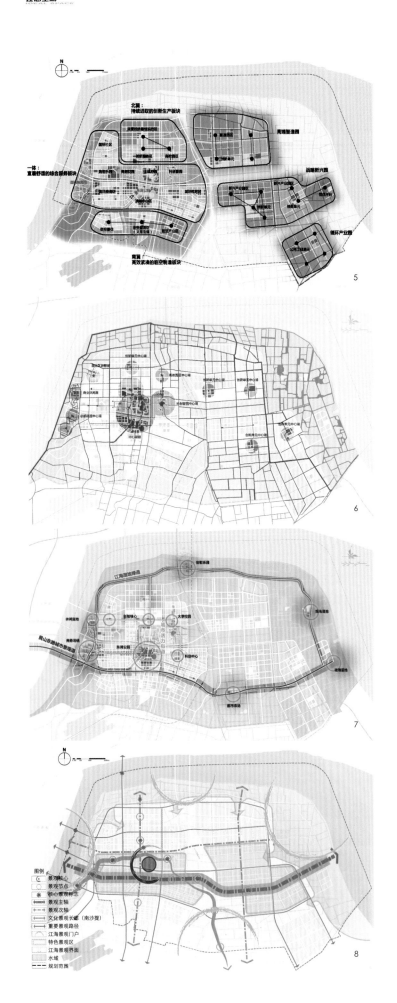

我们认为唯有集聚的建设才能真正实现城市的品质发展和产业的优质发展。规划提出"聚城聚园聚心"的发展策略。

聚城，基地西部滨江临空，是城市和区域势能导入的最佳地区，集中力量建设滨江智慧城区，实现"一体两翼"的功能布局。聚园，针对东部工业区块产业各异、空间分离的特点，提出"产业集聚成园"的发展策略。通过差异化的服务配置和空间组织，实现各园区产业的分类集聚和提升发展。聚心，考虑到主干道路的区位优势、用地条件的经济性以及轨道交通的引导带动作用，规划依托现状城镇，综合确定义蓬、河庄、新湾三大镇区之间、江东大道以南的区块为大江东中心区。以东湖为核心，集聚功能、吸聚人气，塑造富有吸引力和活力的城市中心。

（4）提升园区服务水平

大江东是一个相对独立、面向区域的新区，如何实现产城融合发展，是规划需要重点解决的问题。目前发展以工业为主，工业用地占比高达57%，而城区建设却迟迟未能启动，呈现出有区无城的发展问题。公共服务设施的配套不足、人居环境的建设滞后，导致人才吸聚困难，是制约大江东发展的关键。

本次规划提出"产城融合、区域融合"的功能组织策略，通过城市服务带和区域创新带的建设实现融合发展。城市服务带依托原有的三个城镇，形成三大城市片区，包括以总部基地、会议会展和品质居住等功能为主的滨江商务区，以商务商业、文体娱乐和其他公共服务设施为主的滨湖中心区，以体验商业、科技研发、特色居住为主的城际枢纽区。三大片区构成的城市服务带以高品质的人居环境吸引人才集聚，为产业转型升级提供支撑。区域创新带串联"四大园区"，成组布局，包括以郊区大型零售功能为主的购物乐园，以园区式商务办公功能为主的商务花园，以主题式休闲娱乐为主的主题游园，以及以园林式科技研发功能为主的科创智园。

三、特色化城市空间的营造

杭州具有绝美的山水风景，深厚的人文底蕴；杭州人有着"出世入世一念之间，可城可景一水相连"的生活方式，是城市吸引无数创新企业与人才的根本资源。

而反观大江东，长期多主体分散建设的发展模式，导致其开发建设的粗放和低效。"在杭州，却不像杭州"成为人们对大江东的普遍认知。因此，在一个平台一个主体的新体制下，如何保证生态安全，构筑具有杭州气质的城市空间是规划需要重点解决的问题。

（1）总体空间特色：绿动钱江、大田小园

大江东外有江海环抱，内有阡陌相通，既有清新古朴的田园气质，又有气吞江河的独特魅力。规划充分利用这些要素，形成"绿动钱江、大田小园"的总体空间特色。

规划以江海湿地和南沙大堤为基础，形成内外渗透，绿动钱江的空间特色框架。依托南沙大堤这一围垦精神的物质载体，打造文化景观带。适当拓宽、连通南沙大堤的堤侧水系，沿线集聚文化服务和展示功能，形成一条贯穿东西的文化长廊。依托江海湿地，打造生态景观带，适度引入休闲功能，建设滨海慢行绿道。江海湿地和南沙大堤之间形成多条开放空间廊道，形成内外渗透的开放空间网络。

在生态空间的处理上，遵循大田小园的设计原则。即保留大尺度生态

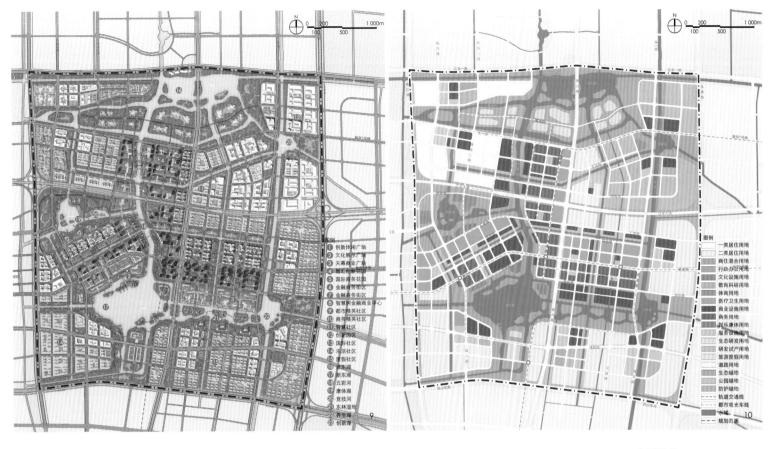

图例
① 创新休闲广场
② 文化展示广场
③ 天幕商业广场
④ 智水创新花园
⑤ 国际商务花园
⑥ 金融商务街区
⑦ 金融商务社区
⑧ 智慧财金融综合中心
⑨ 都市精英社区
⑩ 商务精英社区
⑪ 智景社区
⑫ 创新园区
⑬ 国际社区
⑭ 乐活社区
⑮ 度假社区
⑯ 老东湖
⑰ 新东湖
⑱ 五彩河
⑲ 康体湖
⑳ 竞技湖
㉑ 森林湿地
㉒ 养生湖
㉓ 创新湖

图例
一类居住用地
二类居住用地
商住混合用地
行政办公用地
文化设施用地
教育科研用地
体育用地
医疗卫生用地
商业设施用地
商务用地
康体休体用地
服务设施用地
生态研发用地
研发试产用地
旅游度假用地
道路用地
生态绿地
公园绿地
防护绿地
轨道交通线
都市观光车线
水域
规划范围

5.空间分析
6.水系组织模式
7.城市形象特色模式
8.景观结构规划
9.中心区城市设计总平蓝色建筑
10.大江东中心区方案

斑块的农业生产功能，发展都市农业。在生态斑块中，重点打造四小园，即山水文化园、创智主题田园、湿地观鸟度假园和都市农业示范园，展示城市形象，提供高品质的休闲游憩场所。

（2）水系组织：千米见河、汇水成湖

大江东地区地势平坦，自然地形坡度过小，导致排水相对困难，易产生内涝危害。结合现状水系密度以及排水管道埋深要求，规划提出控制水系间距在500m～800m之间，形成千米见河的水网系统。同时，为保证城市生态安全，根据汇水方向，规划提出在水系交汇处提高水面率，形成连续的"湖链"。依托湖泊景观打造各组团的公共中心和景观中心。

（3）城市形象：一面一景、三道秀城

规划加强东西南北四大门户地区的景观风貌控制，使大江东形成一面一景的空间意象。西侧门户重点建设山水文化园，展现生态新城的魅力。北侧门户重点建设创智主题田园，展现智慧新城的景观。南侧门户重点建设都市农业示范园，展现休闲游乐的氛围。东侧门户强化湿地环境保护，打造湿地观鸟园，

展现江海湿地的魅力。

规划设置三类展现大江东品质生活的线路，即艮山东路城市景观道、江海湿地慢行绿道，和多条城市活力街道。

通过开放空间和城市形象的规划设计，形成"一心四轴、一廊四面"的景观结构。

（4）特色化的中心区空间构建模式探索

在大江东战略规划总体结构的基础上，项目组对中心区进行进一步的概念规划和城市设计。为了构筑活力、生态、创新功能相互交融的大江东中心区，规划提出风车之城·智慧之谷的核心设计理念。强调以景区为核心，通过河湖湿地构成的智慧之谷贯穿整个中心区，并依托轨交围绕智慧之谷布局三翼风车形的高效活力的核心区。

为实现风车之城·智慧之谷的设计理念，规划提出五大设计策略，通过三翼聚心明确功能核心；通过一城四区锚固板块架构；通过多彩绿谷营造宜人景区；通过乐活蓝脉打造舒适乐活的生活圈；通过五水共治保证生态的安全。在五大设计策略引领下，共同

构筑一座集聚创新、激发活力、环境绝美的中心区。

作者简介

邵　玲，中国城市规划设计研究院上海分院规划一所，规划师；

朱　剡，中国城市规划设计研究院上海分院规划一所，规划师；

黎　威，中国城市规划设计研究院上海分院规划一所，规划师；

伍　敏，中国城市规划设计研究院上海分院规划一所，主任规划师。

促进区域发展，构建自然生长的城市
——衡阳市来雁新城、珠晖新区概念规划与城市设计

Promoting Regional Development, Construct the Growing Areas
—The Conceptual Planning of Laiyan and Zhuhui New District in Hengyang

段 西 肖辛欣
Duan Xi Xiao Xinxin

[摘　要]　文章通过对新区规划中的主要着力点进行重点论述，从研究框架、现状功能定位研究、方案思路推导、规划策略和城市设计等相关内容出发，提出一套相对完整的规划设计方法思路。

[关键词]　脉络；生长；概念规划

[Abstract]　Though the discussion of New District Planning in the main focus points, Starting from the research framework, present situation, functional orientation study, program ideas derivation, planning strategies and city design, etc.. this paper presents a relatively complete method of planning and design ideas.

[Keywords]　Context; Growing; Conceptual Plan

[文章编号]　2016-71-P-062

1.规划思路
2.规划思路—动力圈层
3.规划结构
4.景观结构规划图
5.交通组织规划图

一、引言

　　"衡阳市来雁新城、珠晖新区概念规划（城市设计）"是衡阳市近期重点关注的一个规划项目。在整个规划过程中，项目组对规划方案从以下几个着力点出发，力求通过抓住规划设计中的主要矛盾，通过对重要问题的分析研究把握规划的核心问题。同时秉承"构建自然生长的城市"的规划理念，认真研究规划范围内的城市特色，同时力求方案的经济性与可行性。

二、规划着力点

1. 认真确定研究框架

　　首先确定本次项目的研究框架：共分为四个部分，即：如何认识"新城"，如何认识我们的"新城"，我们需要一个什么样的"新城"和怎样建设我们的"新城"这四部分内容。按照"从上到下"的功能规划思路与"从下到上"的形态设计思路的双向设计模式进行。

　　第一部分：如何认识"新城"。我们从新城的模式出发，由于这里主要提及的是衡阳城区北部区域，为与实际意义上的新城有所区别，在这里我们用引号来定义我们这个区域的"新城"。这一章，我们

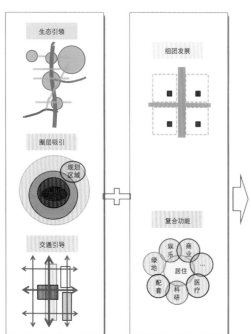

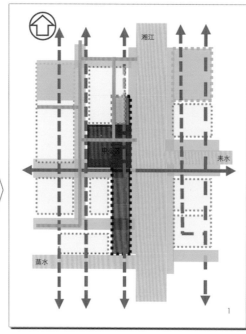

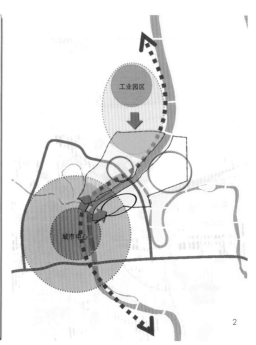

主要借鉴新城开发中比较有意义的模式和成功的案例以进
行启示。

第二部分：如何认识我们的"新城"。在此章节中，
主要对此片区域内的现状进行深入推敲，将区域内的现状
问题和特色优势进行提炼，抓住主要问题。

第三部分：我们需要一个什么样的"新城"。主要针
对城市诉求、规划目标、规划理念、功能定位和规模业态
等主要矛盾进行研究。

第四部分：怎样建设我们的"新城"。合理确定城市
规划和设计，为城市把脉。

2. 深入分析现状情况

项目位于衡阳市石鼓区和珠晖区范围内，总用地面积
17.25km²。交通四通八达。是衡阳面向"长株潭地区"
的门户；是连接北部生态工业区与老城区的重要地区。
此区域为三江汇流之地，是"学脉"和"文脉"源远流长
之处。

在地形地貌、现状生态绿地水系、现状道路、现状建
筑质量、现状建筑高度、现状基础设施、景观视廊等方面
进行分析，从改造难易度、用地适宜性分析和现状土地利
用等几个方面着手，对平面和空间进行分析研究。

同时，将现状的主要问题进行深入分析，总结出六
大问题缺陷和四大优势，六大问题缺陷即区域定位模糊、
与周边关联薄弱；用地功能缺失、城市功能有待完善；重
大设施影响、区域环境亟待改善；文化优势未展现、历史
人文要素遗漏；景观优势未利用、城市紫绿蓝线缺失；生
态优势未发挥、山水格局尚未体现。四大优势即文化传播
的原点；独特的山水格局；优越的环境基因——"天人合
一"；良好的区位优势。

3. 准确把握功能定位

规划区的功能定位主要从三点出发。一是总体规划
对规划区功能定位的要求，总体规划明确表示此区域为
城市向北生态发展区域、位于生活、旅游、休憩的发展
走廊上、是城北区中心所在，可以推导出此区域内的功
能为居住、旅游、游憩和综合服务。第二是周边区域对
规划区内功能的要求，本次规划北接松木化工区，要求
此区域应有相关的居住配套于此区域相衔接，规划范围
西邻石鼓发展区，则要求城市的公共设施配套与此相适
应，由于区域南邻城市中心区，故应承接主城区功能的
分解，即在商业金融、创新研发、休闲旅游、文化中心
四个方面承担主中心城区不具备的以及外溢的功能，其
中包括商务商业、创意研发、会议会展、养生医疗、旅
游度假等相关功能。最后一点是规划区的资源引导，从
区域内的优势资源出发，主要针对生态环境引导型功能
进行设置，如居住、商业、旅游等。经过多方判断，确

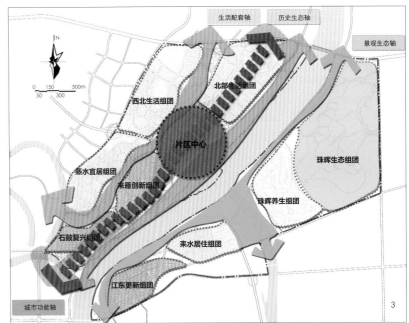

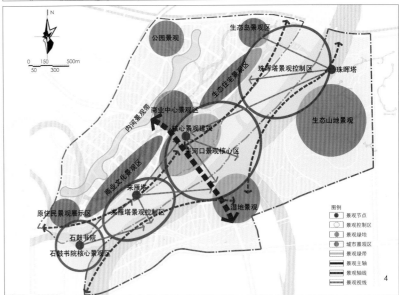

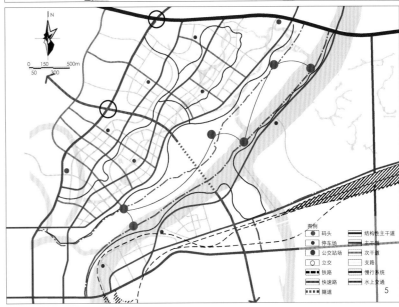

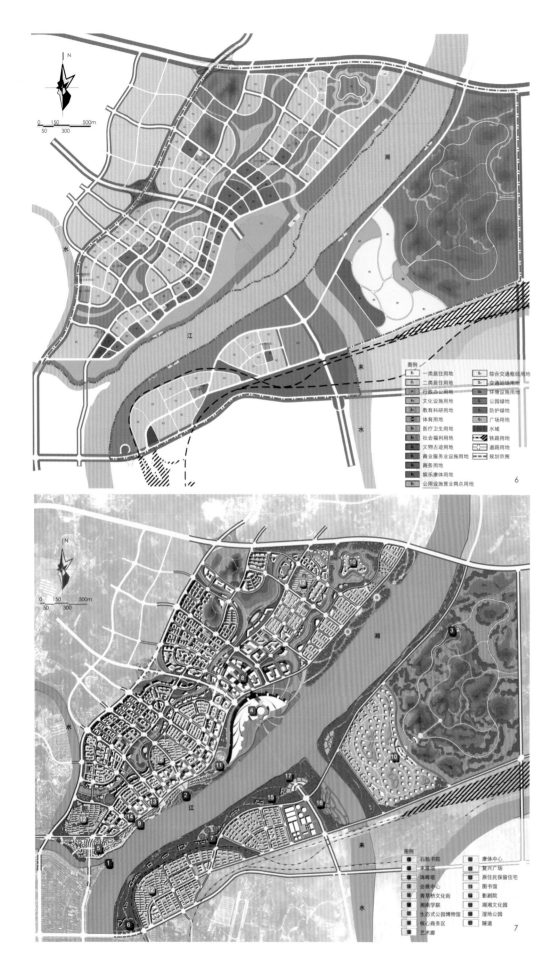

定规划区的功能定位为：文化休闲、生活居住、会议会展、商业商务、旅游养生、创意研发等多元职能为一体的综合性"新城"。

4. 仔细推导方案思路

本次规划主要在规划思路上进行突破，从规划理念出发，旨在可实施与可操作性。

"塑造一个根植于衡阳本土基因的、可持续生长的新城"的总体发展理念。规划旨在孕育一个"生长"的新城，强调因地制宜、循序渐进和分期实施的"生长"方式。

规划从"文化、生态、创新、多元"四个主题入手，根植地方特色，发掘地方文化，将现有山水生态格局充分发挥。从动力圈层、交通引导、生态引领、组团发展、复合功能等几方面出发，确定整个滨水区域的发展方向。

由于南部受到城市中心区的影响，北部受到松山工业园区的影响，中部则受到城市内环交通的引导及吸引，整个规划区功能呈现出南、中、北不同的发展要求。整个区域的中心位于城市内环路北侧。而区域为滨江区域，呈现出明显的沿湘江条状发展的空间格局。而湘江右岸由于受到未水的分割，呈现出未水北岸以养生生态为主的组团，未水南岸以城市生活为主的组团发展模式。

5. 切实制定规划策略

结合项目基本情况，通过对当地"脉络"的整理，提出规划策略。

一共分为6条。即理"城"脉，续"文"脉，应"地"脉，兴"人"脉，通"路"脉，顺"天"脉。通过这6条脉络，抓住重点，确定规划策略。

理"城"脉：旨在梳理整体脉络，寻找重点和主线，抓住"新城"主要问题和矛盾。确定"新城"整体布局将形成"一核一轴，三带九组团"的空间结构。

续"文"脉：旨在延续历史文化脉络，传承地方文化内涵，创新文化发展理念。重在对一院两塔，左岸历史文化街区展示带和右岸历史文化公园展示带的塑造。

应"地"脉：旨在顺应大山水格局，适应微地形变化，承应大自然规律。对现状水系进行整理，并规划形成左岸第二条内河，保留现状主要绿地景观和山体。规划范围内主要形成三条生态景观通廊和生态网络系统，同时形成

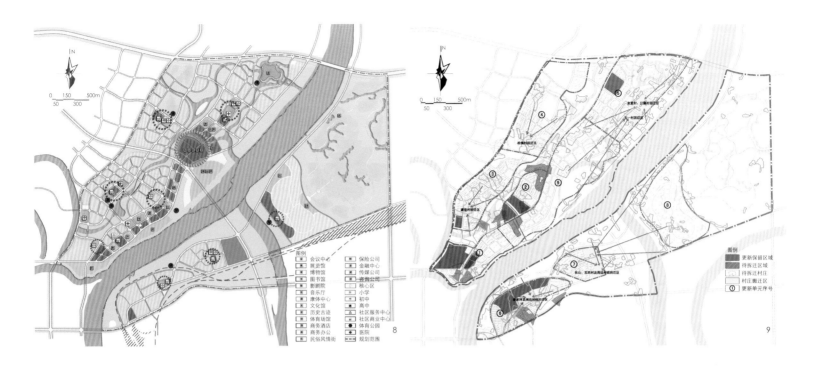

6.土地利用规划图
7.城市设计总平面图
8.公共设施分布图
9.规划实施图图

丰富的城市山水格局。

兴"人"脉：旨在兴旺人脉、振兴人气、复兴老区。主要形成7个居住组团，每个组团形成公共中心。将休闲活动与滨江、滨河区域充分融合，形成主要的三条活动脉络。组团中心包括文化活动中心、社区服务中心、社区商业设施及市场等。而社区周边环绕的绿地内设置体育活动站和体育公园。规划设置7所小学校、4所初中和1所高中。

通"路"脉：旨在梳理道路脉络，合理设置道路系统，理通各类交通联系。提倡步行交通、自行车交通、公共交通和水上交通的多种交通方式。

顺"天"脉：旨在强调"新城"建设按照循序渐进的方式进行，顺应天势，逐步"生长"。

6. 悉心营造城市形象

通过对城市特色的挖掘，结合现状情况，对重点建设区域的环境、功能、尺度、标志性空间等要素进行提炼与整合，悉心营造城市形象，从"水、漫、绿、意"四大设计特色出发，营造富有生机和当地特色的城市形象，将城市特色渗透生活、融入生活。

7. 明确制定实施对策

规划对策中的顺"天"脉，其实质就是强调城

市循序渐进逐步"生长"的过程。在规划过程中，我们一直秉持"生长"的理念。从居民住宅改善建议、村民搬迁建议、实施开发模式、分单元开发控制、地下空间开发、产业导入建议等多项内容出发，将规划实施与发展切实落实到开发时序中，让规划有计划地开发实施。

三、结语

此次投标时间短任务重，怎么样在最短的时间里抓住主要矛盾和问题解决城市发展建设中的问题是本次规划设计的关键。在这里我们从宏观推进和微观深入两个层面对设计进行推敲。让方案有理可循，有据可依。同时，让规划"生长"起来成为整个设计的主线，并着重对规划实施方面进行深入推敲，将规划实施的内容贯穿规划的全部。

规划设计应将可实施性和经济性相结合。我们希望在未水入江口的对景处设置一处开敞空间。这个开敞空间应该结合隧道出口进行设置，其内容应该以会展中心为主，将市民广场、绿地景观和会展中心合为一体。节点的设计不一定非要通过超高建筑来表现，也可以利用开敞空间中的特殊体量的建筑物或富有创意的构筑物来表达，使得节点更具有文化内涵和

当地特色。

参考文献

[1] 仇保兴. 紧凑度和多样性：我国城市可持续发展的核心理念[J]. 城市规划, 2006 (11)：18 - 24.

[2] 王世福. 面向实施的城市设计[M]. 北京：中国建筑工业出版社, 2005.

作者简介

段 西，注册城市规划师，广州市科城规划勘测技术有限公司北京分公司，主任规划师；

肖辛欣，城市规划师，广州市科城规划勘测技术有限公司北京分公司，项目负责人。

项目负责人：赵宇昕 段西 孙建平

主要参编人员：肖辛欣 国超 李涣涣 门宝磊 田丰 赵健

世界文化舞台，水岸风尚明珠
——丰台永定河生态文化新区规划设计有感
Yongding River New District Planning

吴 文
Wu Wen

[摘　要]　本文以城市滨水地带为研究对象，强调加强河流与城市的紧密联系，提出激活滨水空间、丰富滨水体验、完善路网体系、强化城市意象、构建特色组团等方法将区域打造成为北京重要的文化遗产和滨水休闲体验区。

[关键词]　永定河；滨水地区；文化；生态

[Abstract]　On research of city waterfront area, to enhance the relationship of river and city, this paper takes Fengtai Yongding river front project as an example, make it an important culture heritage and waterfront resort by waterfront experience, road system, city image, characteristic cluster aspect.

[Keywords]　Yongding River; Waterfront; Culture; Ecology

[文章编号]　2016-71-P-066

一、项目概况

丰台永定河生态文化新区位于北京中心城西南边缘，永定河从中穿过，永定河西侧地区属于丰台河西范围，永定河东侧地区属于中心城区范围。规划设计总面积约12.3km²，以宛平城为核心呈十字形展开。东邻丰沙铁路、五里店地区、丰沙编组站；西侧以永定河、京广铁路、五环路为界；南侧以卢沟桥新桥、丰西货场为界。

该区域是西南地区进入北京中心城区的门户地带，通过西五环路、京石高速公路、莲石路3条高等级道路实现外部交通联系。规划的14号、16号地铁线与中心城区联系便捷。依托永定河绿色发展带的生态与基地蕴含的文化特性，该区域将是中心城区功能拓展的关键地区。

二、设计目标

我们对丰台永定河滨水生态文化新区的构想和愿景将强化北京世界城市的发展目标，这里将成为：

一个世界城市的明信片；

1.夜景鸟瞰图
2.用地规划图
3.路网规划图

一个文化综合体验的胜地；

一个极具魅力和风尚价值的地区；

一个尽享工作与生活乐趣的福地；

一个城市与自然和谐的生态典范。

三、现状挑战与应对策略

该项目的挑战来自一系列历史遗留问题及城市发展所面临的新问题，针对现有挑战与种种问题，制定出针对性的规划策略。

1. 挑战一：不稳定的滨水生态

上游用水量居高不下，可使用水量偏小，生态系统功能丧失；硬质护岸生态性差，防洪与亲水之间存在矛盾；地下水位下降，人工水景维护成本高。

策略：将永定河作为京西的生态休闲资源。

根据河道内不同的洪涝风险安排适应性的生态和休闲功能；通过自然机制净化水质，维持健康的水环境；将永定河作为京西生态基础设施，保持生态廊道的连续性。

2. 滨水地段与城市空间关系上的隔离

现状五环路、铁路设施造成城市与河流之间的割裂；场地缺乏完善的道路体系，与城市联系性差；滨水地区设施缺乏，缺乏活动吸引力。

策略：调整五环廊道，激活公共空间。

五环路东移，使城市功能用地紧邻滨水地区；建立多条抵达水岸的联系通道，增强永定河滨水区的可视性和可抵达性；沿滨水两岸建立连续的景观休闲绿带，局部形成放大广场节点，构成绝佳的城市休憩体验胜地。

3. 挑战三：文化遗产保护面临困境

对遗产的冰冻性保护遏制了发展机会，经济衰退；历史老城被市政设施包围，成为城市外的孤岛；文化遗产景点单一，未能形成足够吸引力。

策略：优化铁路布局，引入新型项目，解困历史古城。

对规划铁路线路与现状铁路加以整合，减少对场地的过多分割；通过在宛平城设置站点加强宛平老城的可达性；植入多元化文化休闲设施，大大提升历史古城的知名度，扩大吸引力。

4. 挑战四：滨水空间缺乏魅力

防洪堤坝降低了滨水的感知性和易达性；单一的岸线空间缺少吸引人的特征。

策略：创造多样滨水空间，丰富滨水体验。

在滨水区发展商业、娱乐及文化目的地，形成公共活动核心；增加场地内公园的数量与可达性；通过内部绿地公园、街道广场延伸永定河景观体验；利用高品质的公共与绿化空间来提升土地价值。

4

5

5.挑战五：场地内道路体系匮乏，不利于整体开发

场地内的道路以货运为主，未能形成联通的网络；道路网密度较低，主次干路极其不发达。

策略：塑造完善的街道网络和适宜步行的城市肌理。

形成主干路、次干路、支路等级完善的路网体系，使城市结构分明，井然有序；在细密的道路网络基础上，设置步行、自行车专用慢行路线，创造舒适的城市体验环境；地铁14号、16号线东西向贯穿基地，同时在线路站点间设置穿梭巴士，形成便捷换乘。

6.挑战六：流域滨水地区价值和效益受抑

土地使用效率低，功能不适宜；单一开发取向无法维持持续的活力；公共协调机制缺失，无法形成高效高品质的开发。

策略：创造紧凑而高强度的城市组团，塑造鲜明、印象深刻的城市形象。

交通线路的整合腾退释放出宝贵的城市土地，建设用地得到增加；倡导公交交通导向开发，创造轨道交通站点周边高密度开发的城市节点，形成鲜明的高品质的地区形象；复合多元的用地开发充分体现各地块的潜在价值，提升区域经济活力；通过显著的边界、景观、建筑、城市形态和开放空间要素强化各个社区的识别性；策略性地安排地标性建筑和特色公共场所，强化城市意象。

四、设计框架

对于规划设计的12.3km²范围，我们主要从通行与可达、开发与价值、空间品质、可持续发展等方面展开详细研究与城市设计，塑造出高品质、国际化同时兼顾地方文化神韵的特色滨水地区形象。

1. 通行与可达

现状滨水空间被五环路分隔，难以到达，宛平城被铁路设施包围，形如孤岛，滨水地区这一稀缺资源未能体现其应有价值。在充分保留现有铁路线路及在建高铁等基础设施条件基础上，我们建议适当合并交通线路，调整场地内部分铁路线由，形成紧凑的交通廊道，使古城与新区建立起全新的更加便捷的关系。同时也可腾退出相对集中的宝贵土地

为城市开发所用。

规划区路网在遵循原控规道路系统基础上，增强了路网密度，延续中心城区城市肌理，形成主干路、次干路、支路等级分明，清晰有序的路网结构。方案强调与外部道路系统的连通性，除京石高速外，增加与莲石路及西四环等外围干路的便捷联系，同时通过多条横向下沉道路联系编组站两侧，共同来提高规划区的可进入性。

方案强调公共交通尤其是轨道交通对地块开发的引导性。地铁14号线与建议继续西沿的16号线可有效将北京城区与基地快速相联系。与14号线与16号线换乘一次的地铁线路按站点服务半径一公里统计即可覆盖北京中心城区绝大部分范围。

2. 开发与价值

根据规划设计范围内不同地块的区位条件和资源现状，规划区形成五大特色功能组团。

（1）"宛平"文化休闲区

在保护宛平城历史遗迹的同时引入更多新的具有特色的文化项目，使历史古城获得持续的活力，并成为世界级的旅游休闲目的地。在宛平城内注重对现状院落、空间肌理的延续，采取保护性开发的策略，设置游客中心、纪念馆、文化广场等公共文化性设施。在其北侧和东侧地形部分下沉，在不影响宛平城平缓、开阔的空间形态的基础上，布局一些文化保护区延伸功能的艺术家部落、书院、茶馆、特色客栈、美食街、创意集市、先锋剧场等文化气息设施，扩大宛平城的影响力与吸引力。

（2）"时尚"魅力新城

规划区北侧，永定河东岸的地块结合规划中的地铁14号线轨道站点，将建成高密度的综合功能开发区，依畔永定河将成为北京未来生活休闲娱乐的新地标。主要布局有5星级商务度假酒店、高档办公楼，河景公寓，滨水的庆典广场将成为人们度假休闲、聚会活动的公共场所。前卫品牌旗舰店、大型超市、影院、酒吧街、健身场所等一应俱全，可满足当地乃至北京市区居民的休闲购物娱乐需要。

（3）"左岸"丰西商业区

在永定河西岸，结合延长的地铁16号线轨道交通站点形成较高密度的开发节点，将为丰台西区提供消费娱乐的场所，并带动京郊西南区域的发展。此组团中将包含综合商业中心、娱乐中心、体育郊野公园、SOHO办公区等，可为本地居民提供就业与休闲

消费的宜人场所。

（4）"西堤"综合生活区

结合现有的居住区与社区绿地，引入更多生活配套设施和办公场所，临永定河打造低碳宜居的综合社区。这里将建有丰富的生活与办公建筑，综合商业体、医疗康体楼、办公楼、SOHO公寓、国际学校、户外运动基地等可为人民提供足够且优质的配套服务设施。

（5）"创意"生活办公区

本地块位置相对独立，被铁路编组站所区隔，靠近北京中心城区和中关村科技园区丰台园东区，将以混合办公、生活配套及教育培训作为主要功能。办公园区、会议酒店、人才公寓、培训中心、科技公园将与丰台科技园东区形成良好互动。

3. 空间品质

本规划旨在为北京西部永定河畔创造极具魅力城市空间，这里既有富有动感的天际线又有引人入胜的自然景观；这里有舒适安逸的亲水空间，也有繁华热闹的广场街道；这里能感受到清晰明确的城市结构，也能体验富有特色和戏剧性的空间场景。

永定河构成了生态文化新区的整体景观风貌骨架。她不仅是一条河流，更是一条贯穿京西的绿色开放公园与生态绿廊。滨水两岸的多样化开放空间有机地与城市街区糅合在一起，并通过绿化廊道延伸开去，与各城市公园绿地、组团绿地联系在一起，构成丰富均质的开放空间网络。滨水岸线通过退台、绿坡、架高、与建筑体结合等多种断面方式实现了亲水性，为人们提供了舒适可达的游憩线路与漫步场所。

4. 可持续发展

面对碳减排的巨大压力，秉承低碳城市规划理念，规划在建筑、交通、能源、碳汇四个方面确定了碳减排的目标与实施路径：

单位面积建筑的碳排放下降30%；

居民人均交通出行碳排放下降50%；

区内可再生能源占总能耗10%以上；

区内绿地每年固碳能力达到2 807吨。

从绿色交通出行角度，规划优先发展公交系统与轨道交通，鼓励自行车与步行的友好型环境，建立轨道、公交、绿色巴士、公共自行车租赁等无缝衔接的多种公共交通使用平台，从而大幅度减少私人汽车

6

7

8

9

6. "宛平"文化休闲区夜景图
7. "时尚"魅力新城透视图
8. "左岸"丰西商业区透视图
9. "西堤"综合生活区透视图

使用率，减少交通拥堵、能源消耗与尾气污染。

水资源是北京城市发展的最大制约瓶颈，规划采取整合了给水、雨水、污水、再生水的四位一体系统，实施水资源的循环再生策略，大大降低了城市水网的供给负担。通过对雨水实施最佳管理措施，提高雨水的回收率与下渗率，减少了城市内涝危害，并且补充了地下水与景观用水。

五、结语

永定河作为北京的母亲河，她孕育了千年古都北京的历史，也将滋养北京城市的未来。当北京以世界城市作为21世纪的战略目标；当北京西南地区开始经济社会的华丽转身；当北京致力于打造"生态京西"战略品牌时，永定河滨水地区将承载新的历史的使命，在北京的城市生活和世界经济文化的舞台上扮演更加重要的角色。

永定河丰台段将会同上游的生态涵养段、中段的工业遗产和产业总部区、下游的郊野度假休闲段紧密协作，凭借自身独特的文化资源和门户区位，采取差异化发展的整体战略，塑造北京重要的文化遗产和滨水休闲体验区。

永定河丰台生态文化新区战略定位的核心是文化和生态，如何将城市的核心功能、城市形态、开放空间、环境质量、可持续发展作为整体进行创造性地整合和重塑，是破解当前困境、释放潜在价值和活力、形成标志性形象和品牌的关键所在。

我们希望突破当下认识和技术实施层面的局限，用一种更加深远的期盼和情怀去憧憬未来；用科学的理性和智慧去布局未来；用精细的谋划和匠心去雕琢未来……

（本项目为《丰台永定河生态文化新区规划设计方案征集》国际竞赛设计方案，项目主要参与者还有：李凤禹、李鸿、秦静、彭觅、刘丹

丹、王晓川、张晓娜、张祺等）

作者简介

吴　文，艾奕康环境规划设计（上海）有限公司北京分公司，高级规划师。

"四省活力都荟，泸州战略强芯"
——泸州茜草组团概念性规划设计

"Dynamic Center of Four Provinces, Strategic Core of Luzhou"
—Conceptual Urban Design of Qiancao Cluster in Luzhou

陈志敏
Chen Zhimin

[摘　要]　茜草组团概念性规划设计在尊重城市山水格局的前提下，以"茜草绿芯"的理念搭建城市设计框架，通过高效的交通系统、优美的滨江景观、特色的工业遗产保护、智慧的市政设施、精明的开发测算和精细的规划控制构建泸州城市的"中央活力区"。

[关键词]　中央活力区；茜草绿芯；三级控制体系

[Abstract]　Based on the layout of mountain and river in city, Qiancao's conceptual planning in Luzhou take "Green Core" as the main idea to build the urban design framework. Moreover, the framework include shigh-efficient traffic system, gorgeous view of riverside, characteristic preservation of industrial heritage, smart utility, smart development and exquisite design control, which make the Qiancao cluster to be the "CAZ" (Central Activation Zone) in Luzhou city.

[Keywords]　Central Active Zone; Qiancao Green Core; Control System of ThreeClass

[文章编号]　2016-71-P-072

1.效果图
2.城市发展框架
3.功能分区

一、项目背景

泸州，东接重庆，南邻云南、贵州，西连宜宾、自贡，北通内江。城市承长江之豪迈、聚沱江之妩媚，纳四周群山之翠绿，山、水、城、林相因相借，风光秀丽，美不胜收。2012年，泸州市委市政府组织编制完成了新一轮泸州市城市总体规划修编（2010—2030），对泸州市原有的城市性质与整体空间结构进行调整，新修编的总规提出中心城区由中心半岛组团、城北组团、茜草组团共同组成全市公共服务核心，成为集中体现泸州城市中心功能和形象的核心区域。

为了高起点规划建设茜草组团，提升泸州城市形象、空间品位并传承城市文明，泸州市住建局于2013年9月举办了"泸州茜草组团概念性规划设计"国际竞赛，向社会广泛征集该地区规划设计方案。通过两轮的方案比选，广州市城市规划勘测设计研究院以"四省活力都荟、泸州战略强芯"的定位和"中央活力区"的理念从6家国内外设计单位中脱颖而出，中标并取得了深化的编制权。

二、基地概况

本次规划区茜草组团位于泸州长江南岸，东、西、北三面以长江为界，南面以老鹰岩山为界，地形呈半岛状，规划用地面积（含水域）约4.27km²。在区域方面，茜草组团位于泸州市城市建设区的几何中心，与中心半岛、城北两大老城区隔江而立，区位条件优越；在景观方面，茜草组团位于两江交汇、河流湾嘴的景观区位，是世界各大都市中心区选址的绝佳地段；在文化方面，茜草毗邻国宝窖池、沙湾古镇等历史文化景观以及张坝桂圆林等自然风景区；在交通方面，茜草交通条件优越，西达中心半岛，东至经开区与泸州港，往南与江南新区也有便捷的交通联系。

现状茜草组团内，土地利用以工业用地和居住用地为主，还有大量的农林用地。总体地形走向南高北低，南部老鹰岩附近地势较高，沿江一带地势较低。具有良好的山水景观格局，地势相对平坦，建设条件优越。

三、项目概况

规划通过区域视野的产业研究，提出了"四省活力都荟，泸州战略强芯"的功能定位，确定了茜草组团"现代服务芯、文化休闲湾、生态宜居岛"三大核心功能组成。同时，提出了构建中央活力区，通过混合的用地性质提供功能多样的城市空间和形式多元的公共活动，打造泸州城市发展的新活力引擎。

整体公共空间框架以"茜草绿芯"为设计理念，延续城市山水格局，强调景观视廊和活动场所的作用，保持滨江开敞空间的连续性，形成"一心、双轴、多廊"的公共空间结构。在沱江与长江交汇处以方城、扇城塑造出"两江双城"的城市形象，形成融合山水、富有韵律的城市新天际线，塑造出泸州的城市新名片。

茜草组团留存了众多三线建设的重工业，规划通过"可操作性发展、建筑分类改造、历史记忆延续、活力提升与功能利用"四大策略，将工业遗产打造为"泸州名品发布中心、川南创意产业天堂、川滇黔渝艺术家集结地"。

为了保证城市设计的实施控制，规划从整体空间、分区风貌、地块设计三个层次编制城市设计导则。另外，规划还从分期开发、运营管理、品牌项目、开发经济测算等方面提出了精明务实的开发建议。

茜草组团总建设量达到620万m²，包括了商务核心区、综合服务区、中央公园区、文化创意创业区、滨江居住区五大功能。它的建设将为四省门户泸州创造荟萃人文与繁荣经济的新都市中心，为历史名城泸州增添与国窖酒城交相辉映的新城市名片。

四、规划特色

1.新颖的功能定位方法

规划从区域战略和城市发展两方面来谋求泸州

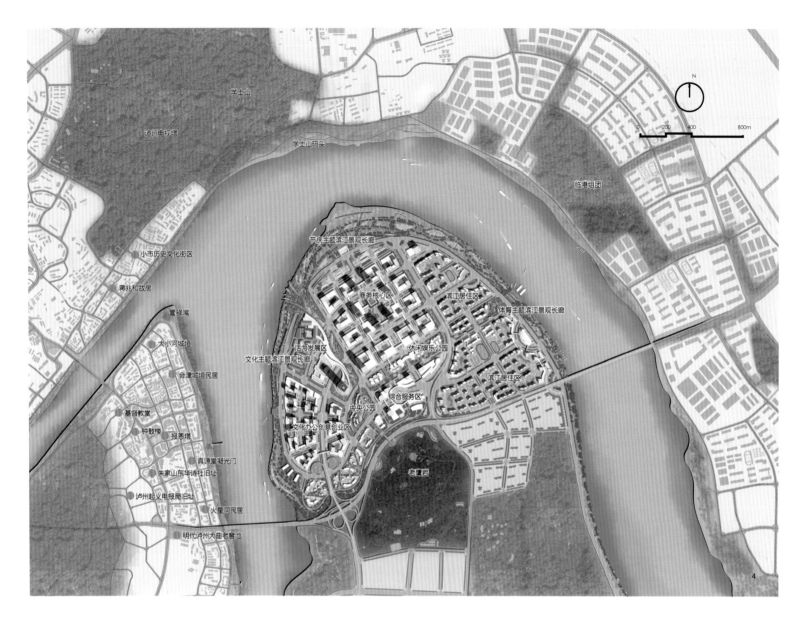

学士山

泸州电视塔

学士山码头

临港组团

小市历史文化街区

蒋兆和故居

管驿嘴

大小河城垣

会津城垣民居

基督教堂

钟鼓楼

报恩塔

真源堂凝光门

朱家山东华诗社旧址

泸州起义电报局旧址

火星洞民居

明代泸州大曲老窖池

节庆主题滨江景观长廊

商务核心区

滨江居住区

体育主题滨江景观长廊

活力发展区

文化主题滨江景观长廊

休闲娱乐公园

滨江居住区

综合服务区

中央公园

文化办公创意创业区

老鹰岩

N

0 200 400   800m

4

4.总平面图
5.土地利用图
6.空间结构图

定位。区域层面，规划综合发展环境与宏观机遇、泸州总体发展趋势、泸州城市综合竞争力研究对泸州城市发展优劣势进行研判，从而总结出迈向国家战略的泸州发展目标；城市层面，通过茜草现状与区位分析、相关规划中的茜草定位、城市各片区已有功能定位，推导出泸州"一主四副三走廊"的发展结构和茜草对于泸州发展目标的战略支撑。泸州发展目标、发展结构与茜草战略支撑的有机结合，最终以"生活性服务扩容提质，生产性服务突破创新"的理念为引领，将茜草组团定位为"四省活力都荟、泸州战略强芯"，包括"现代服务芯、文化休闲湾、生态宜居岛"三大板块。

2. 高混的土地利用方式

多功能的用地性质可提供多样化的活动，混合功能地块可以提供功能多样的城市空间，将茜草打造成全天候充满活力的中央活力区。

规划根据用地与周边的状况，鼓励混合开发的模式，包括平面布局上的混合和竖向功能上的混合。每个精明模块均为功能混合的功能单元，集合居住、办公、生活配套、交流培训、商业休闲、文化娱乐等多种功能。地块内部的功能模块根据实际情况和资源条件灵活地布置。最终，将茜草中央活力区划分为商务核心区、综合服务区、活力发展区、文化创意创业办公区、滨江居住区五大功能分区。

3. 山水交映的空间布局结构

考虑茜草半岛独特的地理位置和优越的景观优势，公共空间规划通过对城市山水格局和城市发展脉络的梳理，以突出景观联系与山水和谐为原则，强调视廊和活动场所的作用以及滨江开敞空间的连续性，在"茜草绿芯"理念的引导下，形成"一带、双轴、多廊"的空间结构。

空间结构呈十字形双轴形态，纵轴北起学士山南接老鹰岩和张坝公园，遵循城市生态绿轴；横轴西联中心半岛历史文化街区东承临港产业园，延续泸州城市空间的扩展。

4. 可操作性的工业遗产保护

历史旧厂和工业建筑是一个城市、一个地区乃至一个国家社会经济发展历程的见证者，具有不可估量的历史文化价值。规划将通过可操作性发展、建筑分类改造、历史记忆延续、活力提升与功能利用四大策略对茜草内"长起"厂区进行保护利用。可操作性发展是指通过对建筑历史价值、建筑空间使用价值、建筑外观价值综合评价打分，并依据得分，确定保留、整修、拆除的建筑；建筑分类改造是指依据建筑立面材料、空间结构的不同，结合改造后的使用功能，对门窗、墙面、屋顶、外部环境等细节进行分类改造；历史记忆延续指保留区内富有场所特征的空间印迹，形成独具特色的历史记忆延续带；活化利用与功能提升提出通过"退二进三"，将传统工业升级为现代服务业，创造功能混合、业态多元的获利园区，区内各个建筑的功能延伸至室外，形成尺度宜人、多元和谐的活力街区。

规划区内"长起"将通过四大策略，发展成泸州名品发布中心、川南创意产业天堂、川滇黔渝艺术家集结高地。

5. 精细化的三级控制体系

规划控制是规划设计的重要组成部分，本次规划在规划实施方面采取了独具特色的"三级控制"，将规划控制分为整体空间控制、分区风貌控制、地块设计导则三个层次。

总体形态控制包括整体形态控制、城市界面控制、视点及视廊控制。整体形态控制包括整体高度、滨江建筑高度、滨江裙楼和滨江塔楼的布置；城市界面控制涉及半岛老城、学士山和临港片区的界面差异协调；视线通廊分析，主要对学士山—老鹰岩、临港片区—半岛老城、管驿嘴—老鹰岩等重要地标之间的视线联系进行控制。

分区风貌控制将涉及五大功能分区的屋顶绿化、开敞空间、街道界面、功能使用、街道等级、停车分类、步行交通、地块出入口等八个方面。分区风貌控制将有效彰显各个功能区内的形象特色和空间特征。

地块导则以全面精细控制，确保规划建设科学合理的实施，涉及土地利用和开发特色、建筑形式、屋顶、建筑色彩、建筑界面、建筑高度、建筑退缩要

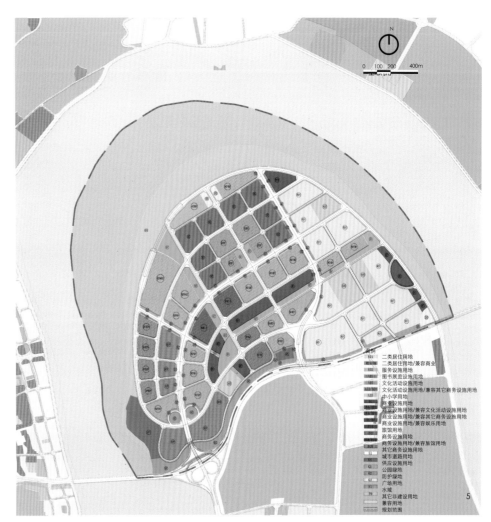

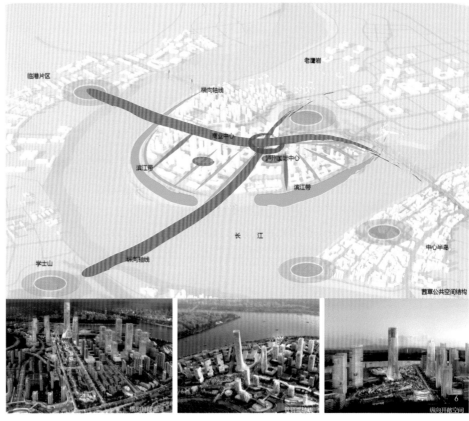

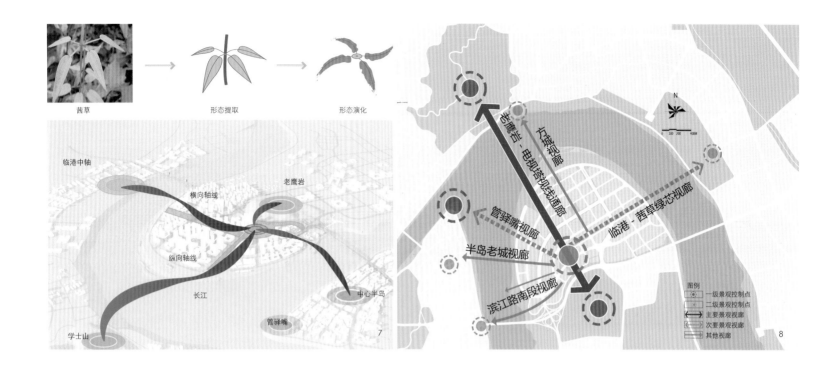

茜草   形态提取   形态演化

7

8

图例

- 一级景观控制点
- 二级景观控制点
- 主要景观视廊
- 次要景观视廊
- 其他视廊

求、禁止机动车出入口路段、二层连廊连接和低影响开发控制等十个重点。

五、结语

泸州茜草组团概念性规划设计是新时期下类似类型项目的一个小小的索引。其体现了在规划设计过程中通常面对的几个典型问题，如土地利用问题、空间结构问题、遗产保护问题和可实施性问题等。

本次概念性规划设计工作基于区域战略和城市结构，从以上问题入手，提炼总结面向实施的概念性规划设计内容的新的要求。

从土地利用的角度来看，随着时代的发展，传统严格的功能划分因为导致潮汐交通、职住失衡、城市隔阂等问题，将逐步被混合、弹性的土地利用所替代，也为活力空间、紧凑城市、多元文化、高效服务

的营造打下基础。

从空间结构的角度来看，新时期的概念性规划设计在传统规划强调"大气"、"开敞"、"天际线"等展示性城市空间的基础上，更加强调对山水格局的遵循、城市景观的呼应。随着项目的深入，空间联系的梳理、重要视点的联系、绿地系统的构建、局部场所的营造，将成为概念规划设计的重点。

从遗产保护的角度来看，传统的抢救性保护无法将遗产的价值发挥出来，大部分遗产因为缺乏利用而失去活力，沦落为老旧的躯壳。因此通过产业的引入带动功能的提升，实现遗产的活化利用，极有助于整合遗产资源、彰显城市文脉。

从可实施性的角度来看，新时期的概念规划设计将越来越趋于理性，地块尺度、开发强度与地方经济发展水平，生活方式的衔接更加紧密。这需要规划设计深入研究地方开发方式与城市建设运作模式，通

过精细的规划控制，保证高品质的项目能高品质的实施。

注重细节与品质，强化可实施性与实用性是未来概念性规划设计发展的方向，也是城市建设日益成熟的标志。

作者简介

陈志敏，广州市城市规划勘测设计研究院城市设计策划所所长、高级规划师、注册规划师。

参与团队：陈戈 杜庆 曹哲铭 刁海晖 王玉顺 车彦茗 杨柳斌 刘莹莹 张卫平 叶舟 梁添 刘程 龙璇 毛耀武 孙阳 孙权利 凌美宁

7.绿化形式演变图
8.视廊控制图
9.高度控制图

从区域协调到"港城一体"
——广州黄埔中心区城市设计及控制性详细规划

From Regional Coordination to Port-city's Integration

张雅茗 王焱喆
Zhang Yaming Wang Yanzhe

1.效果图
2.东部片区区域关系
3.东部片区定位图

[摘　要] 本项目从区域研究入手，详细剖析黄埔中心区面临的城市发展问题，提出策略及空间解决方式，从总体设计贯彻至控制性详细规划，乃至地块详细的空间导引，是城市新区城市设计结合法定规划的一次全新的尝试。

[关键词] 区域研究；港城一体；城市设计；空间导则

[Abstract] This project starts from the study of the region, analyzes the urban development issues of Huangpu central area, puts forward the strategy and solutions of the space problems, goes through the overall design to the detailed planning, and even the detailed space guidance, which is a new attempt of the city design and planning.

[Keywords] Regional Research; Port-city' s Integration; City Space Design; Space Guide

[文章编号] 2016-71-P-078

一、项目概况

历史的黄埔，自古以来均是广州对外交通贸易往来的港口，也是广州作为"海上丝绸之路"发祥地的起点之一。

曾经的黄埔，以"黄埔军校"闻名于世，长期以来是"华南地区第一大港"、广州市第一工业重镇。

如今的黄埔，正面临着城区地位模糊、用地功能混杂、人居环境恶化、景观品质低下等问题，尤其

是港城相互制约、村城一体等更是当前发展亟待解决的难题，同样也迎来了区域地位提升、工业转型和用地空间重构等一系列的发展机遇。如何在新时期下，把握机遇，挖掘潜力，迎接挑战，实现产业的升级与空间的转型成为黄埔区当今紧迫的任务之一。

2009年以来为贯彻落实广州市建设"国家中心城市、综合性门户城市"的战略目标，提出编制《黄埔中心区城市设计及控制性详细规划》，规划范围包括两个层面：研究范围——北起广园东路，东至东二

环高速公路，南至黄埔区界，西至环城高速公路，总面积53.8km²；整体城市设计范围（即黄埔中心区，以下简称中心区）：北起广园东路，东至石化路，南、西至黄埔区界，总面积约30.9km²。

二、区域发展背景

在珠三角区域经济发展背景下，广州是珠三角的经济腹地，而黄埔则是这一经济总量的物流出口，

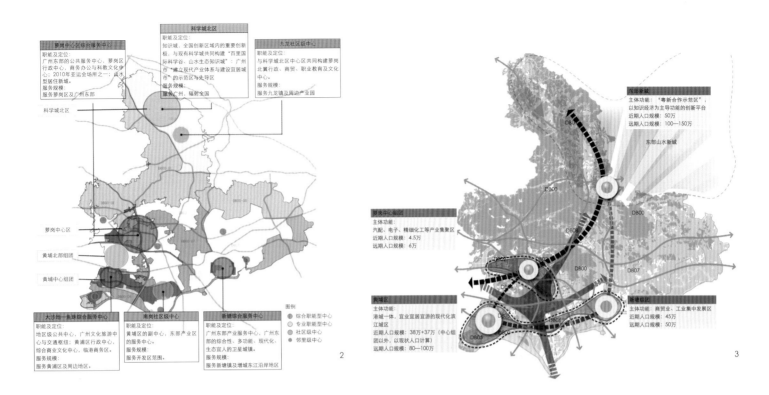

因此黄埔区在区域层面具有举足轻重的经济地位，而黄埔港作为黄埔区产业发展的核心要素之一，起到了决定性的作用，结合广州交通枢纽物流中心的区域定位，这一影响作用也将进一步提升。

广州市自2000年以来总体实行"南拓、北优、东进、西联"的规划策略，逐渐疏解中心城区人口及功能；黄埔区作为紧邻中心城区的城市组团之一，空间上位于东部产业聚集带及现代服务业组团联系轴之间，在布局上是生活性服务与生产性服务职能中心的理想位置；由于其较小的空间和高密度的产业产出，导致对人口吸引缺乏和产业增长点不足；加之历史原因造成的物流、工业、居住混合的城市空间状况，虽然具有良好的区域空间优势，但是与周边城市片区比较，发展始终存在滞后。

在广州东部城区层面，无论现状与规划，黄埔中心都是产业聚集的重要片区，而从战略规划中明确打造黄埔至新塘滨江岸线和东部城区副中心的角度上来看，黄埔将兼具生产性服务与生活性服务的综合要求，形成多核心的城市空间体系。

三、核心问题提出

本次规划期末预测黄埔中心区人口总量将达到38万，加之东部新城人口的80万人口增长总量，黄埔中心区必将成为东部区域近十年最大的人口集聚中心，而由于历来黄埔以港带城的发展模式，致使滨江区域形成港、城、产业园区的三明治结构，带来城市空间组织杂乱、人居品质差、物流交通生活交通混行等等城市问题日益凸显，在城市发展片区转型的过程中，工业将逐步退出中心区范围，而在整个转型的过程中，选择何种产业进行替代、如何实现城市的有机更新、并在工业逐步退出后，黄埔港作为工业发展的载体，在未来的城市发展中起到何种作用，又会赋予什么样全新的功能，将成为本次规划讨论的核心问题。

四、规划思路

"港城一体、宜居宜业"的城市转型之路。

1. 港与城

黄埔港作为城市发展里程碑式的要素，在黄埔区发展的各个层面均起着决定性的作用，港与城之间的发展矛盾也始终伴随城市发展根深蒂固。黄埔港以工业港区为主，规模大，将最具景观价值的珠江两岸城市岸线完全侵占，整体搬迁难度大，但也具有水深、河道面宽大的优势，适宜大型邮轮游艇停靠；而随着广州市珠江岸线的整体整治与功能提升，中心区内长洲岛作为珠江左岸最具有历史人文基础与生态环境优势的城市亮点，将具有强大的旅游业开发潜力，因此在未来城市产业转型方向上，黄埔港可以结合长洲岛与洪圣沙未来旅游业的综合发展，提供国际邮轮停靠，建立国际级邮轮母港，借助港口用地的不断释放以及对中心城市各项服务业的依托，而形成的产业服务业和滨江高端商务办公发展，建立国际航运中心，

将港城矛盾转变为港城融合互利共生的促进关系。

2. 居与业

工业与相应的物流业始终是黄埔区经济发展的核心，而现状主导产业多为重工业，下游产业链发展空间严重不足，布局凌乱、城市生态影响大，直接影响未来城市居住环境的优化与就业品质的提升。充分利用黄埔中心区最具核心竞争力的区域优势，提升第三产业竞争力，严格控制产业准入标准，依托现有汽车、化工、新材料生产基地，发展上游产业及高附加值产业，将具有空间影响及生态影响的工业企业逐步清出中心区，拓展以核心制造业为源泉的总部经济与高科技产业服务业，加之国际航运中心的逐步建立，为整个黄埔提供更好的城市就业环境。

旧厂、旧村、旧城进行整体改造是居与业整体协调的城市空间保证，大量的"三旧"型空间的更新，是城市产业转型升级的基础。以城市区位的优越性、功能转型的迫切性加之充足的土地更新可能性，黄埔区未来将成为居与业协调发展的城市更新示范区。

五、港城发展模式

综上所述，黄埔区在未来发展过程中必将形成两个阶段：在近期应当按照东部副中心标准进行功能配置，而远期可能逐渐淡出东部地区，成为广州中心城区的重要功能节点和公共中心之一。

如何在空间上保证两个阶段目标的稳步实施，

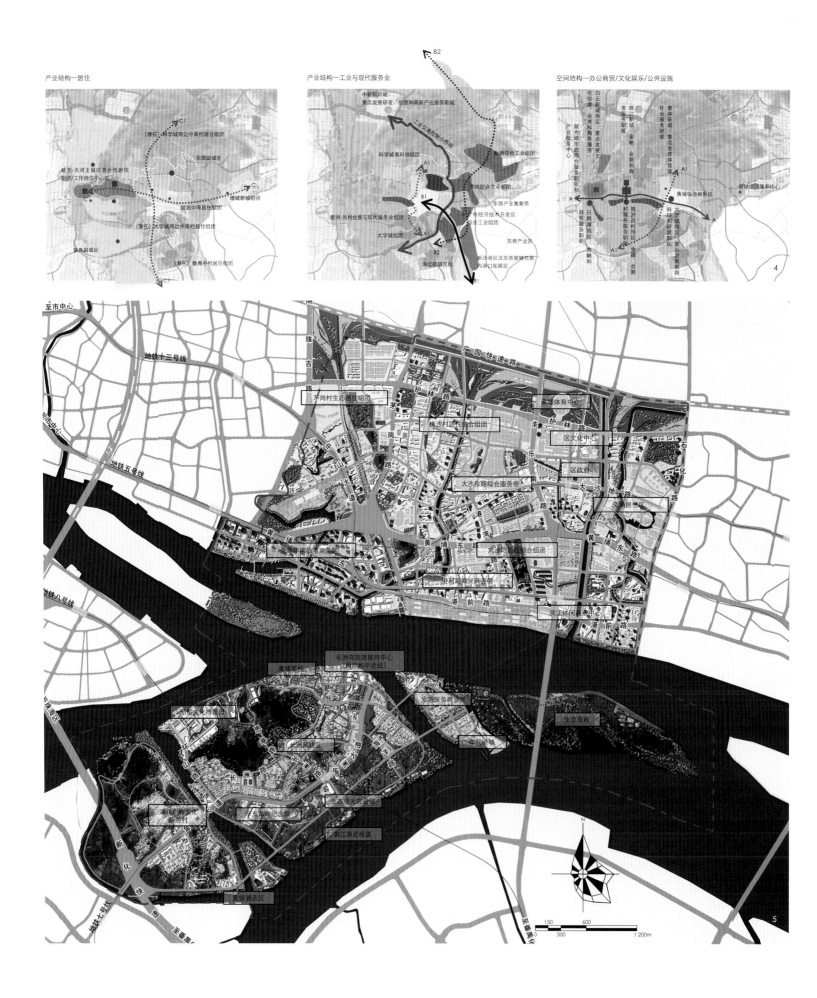

产业结构—居住

产业结构—工业与现代服务业

空间结构—办公商贸/文化娱乐/公共设施

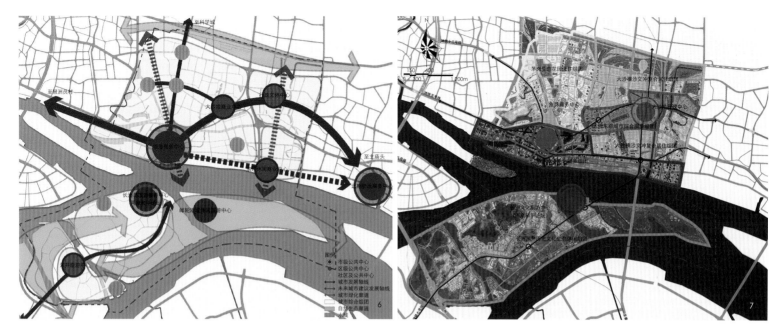

是本次城市空间规划设计的主要为所在,因此,我们在对现状城市空间详细调研的基础上,通过对阿姆斯特丹、鹿特丹、汉堡、曼海姆、不来梅、热那亚和热那亚等世界著名港口城市港口空间的分析,寻找适合黄埔区借鉴的城市发展经验,我们看到各个城市的共同趋势主要分为以下三种。

1. 城市与港口分南北岸分别设置

城市所在岸线部分以商务/人居/文化/休闲为主,可以配备客运港口,以及边缘性的少量工业港口。

这一模式以汉堡为典型。城市与港口紧密结合,互为景观而相互干扰较少。因此城市方向可以配备大规模高档次的集中城市生活区,而工业岸线方面也有充裕的发展空间。

2. 城市与港口在同一岸间杂设置

由于滨海或历史原因,造成城市生活岸线与工业岸线基本集中于一侧,这一方式往往造成两者的相互竞争。

这一模式以阿姆斯特丹、鹿特丹为代表。城市生活岸线受到挤压后,只能选择性配置公共空间、娱乐餐饮或少量居住功能。而且受到疏港交通的影响,品质会有所下降。是一种相对不稳定的状态。

3. 滨水都市岸线

随着远洋港口的水深需求,相当部分港口岸线及工业会向海口与深水区转移,随之而来的是城市生活岸线的占据。

这一模式以伦敦、热那亚为代表。泰晤士河港口退化后,全面转化为生活岸线,沿线除了商贸以外,包括了大量的居住、休闲和公园功能。

黄埔老港目前全线占据岸线,是典型的工业港区模式,完全没有生活性港区。

黄埔港目前南北两侧均有港口,南侧洪吉沙以散货为主,未来与长洲岛的生态历史旅游功能发展会发生一定的矛盾。南岸未来利用洪吉沙扩展港口,难以解决陆路交通,也极有可能再次搬迁。故A模式不做建议。

鱼珠码头改造后,黄埔港将逐渐向B种模式转化,这一模式本身仍然是一个动态过程,未来工业港口与生活港口的比例会有更替过程。应当着重解决交通问题,珍贵的城市滨水用地较为适宜作为城市核心商务、文化及娱乐用地,建议南岸逐渐转化为生态型岸线。

根据世界其他滨水城市的模型,结合黄埔老港的实际人口密度与产业背景,我们认为,未来的最终发展目标是C模式,黄埔港在新港、老港和新沙港之间形成职能平衡。黄埔老港作为密集人口聚集区域和服务业高价值回报区域进行产业升级,为国际航运中心提供高端服务中心职能。

因此就港城关系而言,黄埔中心区在港城些调方面必然会经历三个阶段。

(1) 近期改造目标5年内

重点打造鱼珠临港商务区,并着手搬迁洪圣沙煤码头,为长洲岛的整治开发做铺垫。

重点打造鱼珠商务中心,珠江北岸西侧鱼珠地区,5年内逐步形成2.8km的生活岸线。

长洲岛:借助黄埔造船厂和军队搬迁,解放长洲岛金洲大道以西近3km岸线。

(2) 中期推荐模式5—10年

重点在于军队搬迁,长洲岛的整治开发,搬迁中外运码头,打造丰乐路两侧与珠江的轴线。

搬迁可口可乐公司和黄埔冷冻厂用地,借助搬迁中外运码头,结合乌冲改造建立生活岸线。搬迁洪圣沙煤码头,整个取消在南岸的工业岸线。南海神庙西侧结合文冲船厂的搬迁作为国际航运中心商务用地的远期空间。

(3) 远期推荐模式10—15年

15年内黄埔老港区全部退出黄埔中心区,形成9.9km长的珠江生活岸线。借鉴汉堡港变迁模式,在远期滨江所有岸线逐步作为生活岸线。黄埔老港的物流功能由黄埔新港和新沙港区承担。释放出来的用地,可以适当增加滨水高品质居住功能与大型城市绿地,本质性改变黄埔中心区城市面貌。

六、城市空间原则及目标

综合前期研究,本次规划在城市空间塑造上提

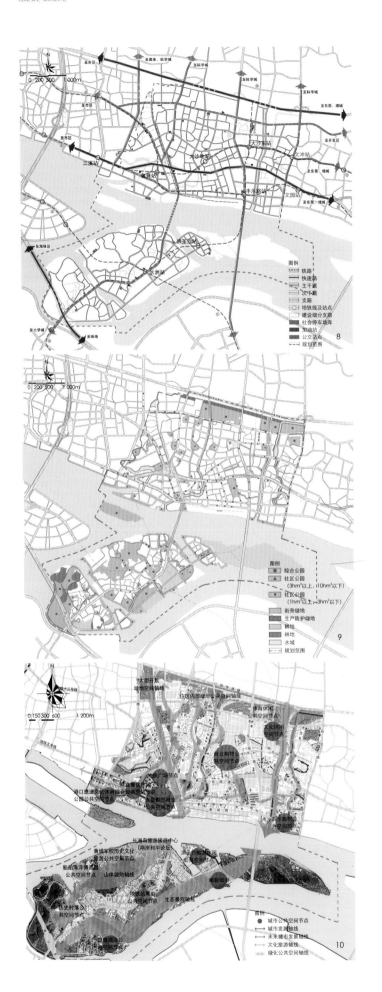

出以下三大目标与四大原则。

（1）空间规划目标

①塑造自然文化背景之下的独特都市景观，充分发挥依山滨水特性，塑造山水人文都市的独特景观形态。重点打造鱼珠商务区、长洲岛北端、大吉沙酒店会议区的珠江两岸对景天际线，塑造广州东部门户型城市景观。

②提倡多元化城市生活，以区政府为中心的行政中心区向西在近期与鱼珠临港商务区建立直接联系，向东在远期与庙头地区建立轴线联系，向南结合乌涌建立滨江节点，充分发掘地铁沿线与滨江区域商业潜力和娱乐休闲需求，实现与商务功能、商业功能相配合的多种综合性城市功能，多样化发展城市经济，高效使用土地。

③实现城市建设环境与生态环境的共生，在山体和水体之间建立风廊，在改造河涌同时，通过多种生态手段降低对生态环境的负面影响，改善空气质量，同时将高品质生态环境融入城市生活与景观系统之中。

（2）空间规划原则

①山水相依原则，充分利用滨海区位、山水环境、地形植被条件；创造山水通廊，最大限度亲近自然。

②生态开敞原则，最大限度保持开敞空间的公共性，同时结合生态建设要求，形成生态综合网络。

③灯塔效应原则，利用主导功能区的建设，辐射带动周边的发展，提升整个地区品质与价值。

④综合发展原则，强化核心区功能之外，综合发展旅游业、酒店业、大型商贸、文化娱乐休闲、会展、高档公寓等一系列相关功能。

七、总体城市设计

规划通过统一的基础条件认知，对整体城市空间模式进行集思广益，提出多个可能发展模式，在与规划局和黄埔区政府对于比较方案的讨论和研究之后，发展出一个在实施性基础上、具有可持续性发展、并对于片区整体发展有长远指导意义的解决方案。

整个黄埔中心区设置三个中心区，分别是中部丰乐路现有以区政府为中心的城市商业行政中心区；作为近期发展重点的西侧珠江北岸的鱼珠临港商务区；以及东侧南海神庙为中心的庙头休闲旅游中心。

这三个中心区东西分布，大沙东路及地铁5号线路作为黄埔区生活性交通的脊柱，串联起鱼珠临港商务区和现有综合中心区，并形成远期向东发展的趋势。

在向南的发展轴上，鱼珠临港商务区与珠江南岸的会议商务中心形成珠江两岸的"双中心"结构。向北侧对于北侧产业区，奥体中心以及知识城方向也预留未来发展的出口。

整个把黄埔区在东西方向通过功能核心、功能带联系起来。并且，每个滨水中心都与南侧的长洲岛，洪胜沙、大吉沙形成跨江联系，使得黄埔中心区在各个方向上拓展了城市发展空间。

提出以"一核两带多中心，Y字形轴线发展"作为总体空间发展结构，串联港与城、城与业、城与绿的多元区域空间关系。

一核：由鱼珠华南临港商务中心、长洲岛历史文化旅游服务中心共同构成的市级服务功能核心；

两带：长洲—深井—洪圣沙生态带、护林路防护生态带；

多中心：大沙商业中心、区行政文体中心、滨江休闲商业中心、深井文化旅

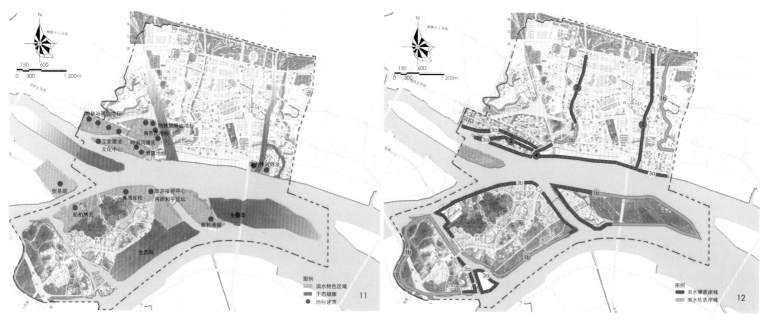

游服务中心、邮轮港城休闲旅游中心，长洲岛旅游接待中心；

Y字形轴线：以鱼珠华南临港商务中心为核心，向西联系员村、珠江新城；向东北串联黄埔中心区商业中心及行政文体中心，远期延续城市发展方向；向东沿港前路联系远期航运商务中心的滨江发展轴，整体形成Y字形的城市结构。

以现状用地的综合整治及合理置换，建立"市级—区级—组团级—社区级"四级公共中心服务设施体系。以此为基础将整体分为5个功能组团进行详细意向、城市设计及规划控制。

（1）鱼珠临港航运商务组团

依托黄埔地区港口航运业基础，结合TOD先进的城市发展模式，发展服务大型航运企业的商务核心区，从而带动区域城市品质提升，并引领城市由仓储物流向商业金融等高端城市功能的转型。

（2）大沙东路城市综合服务组团

强化原有大沙东路服务功能，塑造带状城市公共服务组团，引导城市横向发展。

（3）茅岗生态花园居住组团

结合茅岗路原有村落良好的生态环境，打造与自然契合的花园型居住组团，为城市提供优越的居住环境。

（4）大沙横沙文冲复合居住组团

结合城市旧村改造以及城市区域更新，塑造以配套居住及相关服务设施为指引的城市复合片区。

（5）长洲深井历史文化生态休闲组团

充分结合长洲岛优势资源，以两岸和平为主题，

深入引导，形成对接两岸文化交融的旅游接待与论坛特色片区，创造文化、旅游、休闲、生态于一体的城市绿色组团。

八、城市空间系统建立

1. 交通规划

以东部水陆交通重要节点，广州东部重要客运中心，广州市国际客运港为定位；形成公交（轨道+常规公交）为主导的交通方式结构，实现"70/50"的客运发展为目标。对整体及特殊节点进行城市交通组织。

2. 生态景观规划

规划区北侧绿地系统规划通过对现有水系、山体等生态资源的整理形成以绿化廊道为轴线，南北贯通的绿化网络，联系地区南北的城市绿肺。塑造一座郊野公园、一片生态群岛、五条南北向生态通廊、六条景观大道，为城市提供充足的生态环氧空间，使城市拥有良好的新陈代谢及完整的生态圈。

3. 公共空间规划

公共空间规划以人的各种活动为导向，以满足人的可达性要求、坐标定位要求、休闲观光社交要求、精神文化要求等需求为目标，在现状开敞空间系统的基础上，通过轴线和空间视廊，重构规划区域内的开敞系统。

整体注重开放空间层级的连续性，城市公园、

城市广场、城市绿化廊道——社区公园、滨水绿地、商业街——街头绿地、建筑半室外空间、散步道的有序过渡衔接，营造一个"点、线、面"多种形态和功能的开敞空间体系。

4. 滨水门户空间规划

规划区域位于珠江前航道起始区域，以石化路为起点向西在5.5km长的三水交汇处塑造东部新门户景观区。将珠江前航道北侧的主城区和南侧岛屿区通过空间对景有机地联系起来，形成环状的滨江景观结构。

此结构继续延续琶洲—员村的缝合珠江两岸的天际线景观的理念，并使得琶洲东端—鱼珠临港商务区—长洲岛整体形成东部门户景观区，丰富了东部门户景观区的范围和内容，形成更多层次更具魅力的天际线景观。

5. 滨水区和景观步行道

景观步行道和滨水区的设计在规划区的不同地区有着不同的特征。

多数的景观步行道位于临港中心商务区内，这里的步行道富有城市特征，滨水岸线形态也相对硬质和清晰。

岛区的滨水岸线则富有自然有机的造型特征，设置大面积的绿地。并在一些合适的位置设置了滨水台阶。河岸则由此可分为硬质和软质两种。

景观步行道间互相联系，形成连续的步行路线。公共的休闲广场和标志性建筑则为滨水区提供了更丰富的空间和环境质量。

13

14

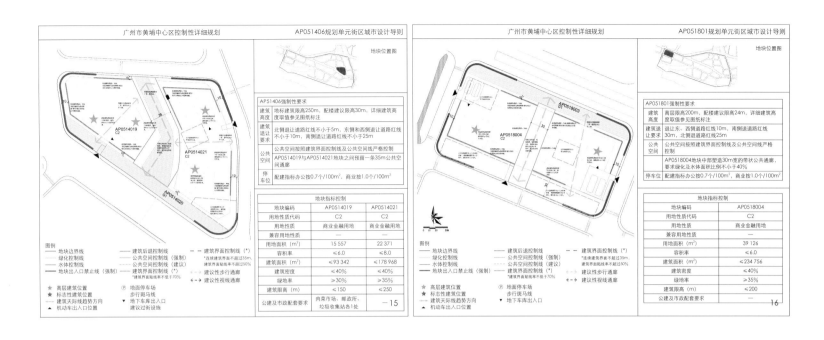

广州市黄埔中心区控制性详细规划　　AP051406规划单元街区城市设计导则

广州市黄埔中心区控制性详细规划　　AP051801规划单元街区城市设计导则

13-14.效果图
15-16.城市设计导则

6. 规划开发控制

建筑高度控制主要根据区位、功能以及景观特征综合考虑，结合城市空间设计对城市高度与土地利用强度进行引导。

黄埔城市区结合服务功能中心次中心分布和TOD功能模式，围绕鱼珠临港商务区东侧节点、大沙东路商业节点区域及东部滨水休闲区商务节点，形成三个城市高强度开发节点，提供较高的城市限高及相应的建设强度指标，并要求高层建筑布局充分考虑城市与自然环境的关系，避免重要视线廊道被高层建筑遮挡，以及保证良好的滨江视野。

长洲岛区域在建筑布局充分考虑城市与自然环境的关系和总体城市定位，严格控制长洲岛建设高度，保证整体自然环境不被遮挡。控制滨江建设高度在24m以下，打造滨江界面，保证城市空间可以良好的与生态空间相接驳，形成特色文化旅游休闲氛围。

九、核心区深化设计

在总体城市设计的指导下，划定以鱼珠临港商务区及长洲岛生态旅游到作为规划核心区进行深化设计，分别对天际线控制、滨水空间、慢行系统等详细实施内容进行定义；并以鱼珠临港商务区与长洲旅游生态岛作为重点地段进行深化设计。

1. 鱼珠临港商务区

临港商务区以广州城东的公共服务中心、高端滨江商业中心为定位，将港口政务，港口现代中介服务，港口信息服务，以及多元港口生活服务融于一体。

整体空间强调功能的复合性和多样性，分别以花园商务区、滨江商务岛、地铁商务区三个特色建立三个功能片区，西侧构建滨江商务岛商务区联系广州东侧滨水城市功能带，形成城市发展连续带；东部商务区借助原有河涌的重塑形成花园商务区；黄埔大道以北地铁站周边55hm²的北部地铁商务区，结合多条轴线空间汇聚与黄埔大道东的视线引导，在规划区东侧形成区域地标，从而统领整个鱼珠片区，建立全新的城市风貌。

2. 长洲旅游生态岛

长洲旅游生态岛在丰富历史文化背景及生态景观资源的背景下以国家级生态文化旅游岛为整体发展定位；交通绿色畅通、生态绿色储备、文化绿色联网、旧村绿色整治、生态绿色住区为原则，以保护为基础进行旅游及文化资源的挖掘，根据不同的现有特征及规划需求，将长洲岛分成5个独立分区，邮轮港城旅游休闲区、船舶军校博览区、文化旅游生活区、民俗休闲度假区、生态农业观光区，从而给予每个分区不同的发展控制条件，在城市发展的同时兼顾历史、生态、文化的多重需求。

十、城市设计导则

以鱼珠临港商务区作为近期城市发展的重要核心位置，进行详细地块导则的制定，导则充分对接控制性详细规划提出的用地反馈，以可实施性为目标，选取控制要素，包括广场空间、天际线趋势、建筑高度、地标点、视线廊道、步行通廊等，对规划区域进行详细控制指引，对于城市空间形态及建筑形式提出强制性及建议性要求，给予未来建筑建设充足的弹性。

总结：本次规划围绕"港城一体"的城市发展目标，从前期研究到最终导则制定，充分贯彻多学科、多单位的总体协调，将城市空间问题由宏观至微观进行详细的剖析，有效梳理了区域空间关系与内部发展的联系，结合国外先进城市发展案例，提出切合地区发展需求的城市空间理念，并结合法定规划，将城市设计从概念阶段落实到实施阶段，为城市未来的空间发展给出了有力的支撑与指引。

作者简介

张雅茗，德国ISA意厦国际设计集团设计总监；

王焱喆，北京建筑工程学院城市规划学士，集团规划师。

项目负责人：张雅茗

主要参编人员：王焱喆　杨婷　莫宁波

城市近郊区生态休闲综合体的规划实践
——以樟树市龙溪湖地区概念规划为例

Planning and Practice of Ecological Leisure HOPSCA in the Suburbs of the City
—Taking the Conceptual Planning on the Longxi Lake District of Zhangshu for Example

潘 尧 昝丽娟 符映凤
Pan Yao Zan Lijuan Fu Yingfeng

[摘　要]　新常态时期，城镇化发展模式已从过去跳跃式规模型发展转向集约化紧凑型发展，城市规划从放量规划转向存量规划，城市建设也更加重视对具有良好的区位条件、资源环境和建设基础的城市近郊区的开发建设。为适应新常态时期城市规划建设的转型，本文以樟树市龙溪湖地区概念规划为例，提出在城市近郊区打造生态休闲综合体的创意思路，通过对城市滨水资源的整合利用，盘活千亩土地、提升新区土地价值；通过完善城市空间结构、缝合城市空间、完善老城功能；同时强调城市生活的营造和休闲旅游功能的注入，最终实现公园湖向城市湖转变、城市集中紧凑连片发展的战略目标。

[关键词]　城市近郊区；生态休闲综合体；城市湖；集中紧凑发展

[Abstract]　New normal period, the urbanization development model has shifted from the past leap type development to the intensive and compact development, urban planning from the volume planning to stock planning, city construction also pay more attention to the development and construction of urban suburban areas with good location, resource environment and construction foundation. In order to adapt to the transformation of urban planning and construction in the new normal period, taking the conceptual planning on the Longxihu district of Zhangshu for exanple, put forward the creative thinking of creating eco leisure complex in the city suburbs, through the integration and utilization in of urban waterfront resources, revitalize thousand acres land, enhance the land value of the new district land; By perfecting the urban space structure, suture urban space, improve the function of the old city; At the same time, emphasize the construction of urban life and injection of leisure tourism function, ultimately achieve the strategic objectives of the transformation of the park lake to the city lake, city centralized, compact and contiguous development.

[Keywords]　Suburban Area; Ecological Leisure HOPSCA; City Lake; Centralized and Compact Development

[文章编号]　2016-71-P-086

1.樟树城市西扩发展示意图
2.龙溪河改道示意图
3.08版城市总体规划用地规划图
4.优化后城市用地规划图

一、引言

过去20年，我国城镇化发展模式以追求速度和土地增量为目标，建立在城市远郊区打造新城的跳跃式发展模式，从而忽略了城市近郊区的开发建设。这种发展模式违背了城市自然生长的空间属性，造成城市框架过大、新老城区交通联系不便捷、市政基础设施投入加大等问题，导致大量新城出现"空城"现象。新常态时期，新城开发进入新型城镇化建设时期，城市土地收缩，城镇化发展模式从跳跃式规模发展转向集约紧凑型发展，规划建设从放量规划转入存量规划。

城市近郊区毗邻老城，拥有与老城区共享公共设施的区位优势、良好的生态环境以及相对充裕的土地存量，对推动城市集约发展、构建城市集中紧凑的空间格局和促进资源整合等方面有重要作用，是实现就地城镇化、城乡公共设施均等化的新型城镇化建

设的最佳实践区。城市建设应更加重视对具有良好的区位条件、资源环境和建设基础的城市近郊区的开发建设。

为适应新常态城市发展的转型，加快新型城镇化建设，本文以樟树市龙溪湖地区概念规划为例，提出用"城市湖"的开发理念建设龙溪湖地区、打造城市近郊区生态休闲综合体，以期探讨在城市近郊区建设新城的集中紧凑型发展模式，试图解决城市在跳跃式发展过程中忽略近郊区建设而产生的一系列问题，拓展城市近郊区开发建设的规划设计思路。

二、项目背景

樟树市，地处江西省中部，位于南昌市一小时经济圈，是江西省第一个国家新型城镇化综合试点城市，是著名的"药都"、"酒乡"、"盐文化城"。作为一座因赣江而生的江南城市，樟树境内滨

水资源丰富，拥有赣江、袁河、龙溪河等众多宝贵的水系资源。

《樟树市城市总体规划（2008—2030年）》提出城市西扩建设城西新城的发展战略。随着城西新城内博物馆、体育中心、文化艺术中心等大批市重点工程的建设，樟树市已进入城市西扩时代，城市中心逐步西移，城市结构由单中心结构发展成双中心结构。

三、现状分析与项目立意

1.基于开发条件和发展问题的现状分析

龙溪湖地区地处新老城区结合部，接受新老城区双重辐射。基地总用地面积476hm^2，生态环境良好，地形地势平坦。区内现状用地以农田和水域等非建设用地为主，建设用地较少，以农村居民点、工业用地为主。境内河网密布，滨水资源丰富，水域面积达100hm^2。

目前，龙溪湖地区发展面临三大问题：一是龙溪河为赣江的滞洪河道，在08版城市总体规划中，龙溪湖地区被列为非建设用地，阻碍了主城区与城西新城的连片发展，原龙溪湖地区规划也延续总体规划思路，将近5km²的用地作为生态湿地公园打造，功能以单一的观光游憩为主，未与城市休闲娱乐、文化旅游等功能相结合，造成大量土地资源浪费；二是现状仅有一条交通性跨河道路连接新老城区，缺乏生活性跨河道路，与主城区联系不便，导致主城区与城西新城缺少联系；三是已失去防洪功能的晏公堤堤坝与东西两侧用地相差十余米，成为城市往西连片发展的屏障，限制了龙溪河东岸的土地开发。

2. 改变功能，将滞洪河道调整为城市湖的项目立意

针对现状情况，规划依托龙溪湖地区靠近老城、紧邻新区的区位优势，调整总体规划思路，重视龙溪河的利用，从改变龙溪河原有的泄洪、滞洪功能破题，将原龙溪河从上游改道汇入赣江，解决泄洪、滞洪难题，将龙溪河转变为城市内河。同时整合滨水资源，梳理龙溪河现状水系，废除晏公堤，局部拓宽水面。利用地势平坦、水位高差小等有利因素，蓄水成湖，塑造平湖景观，实现公园湖向城市湖的转变，打造城市生态休闲综合体。在保证市民休闲场所建设基础上，将原5km²生态湿地公园内千亩土地转化为城市开发用地，将公园建设与城市开发、旅游发展相结合，提升滨水地区土地价值，实现城西新城与主城区的连片发展。

四、主题定位与规划特色

1. 强调生态性、休闲性、生活化的主题定位

依托龙溪湖优美的自然环境和丰富的滨水资源，将生态公园建设与城市开发相结合，以休闲旅游为导向对土地进行综合开发，在生态保护利用的基础上突出环境品质，建设为市民休闲服务的滨水地区，将龙溪湖地区打造成集休闲娱乐、文化旅游、商业服务、生活居住、生态观光等功能于一体的城市生态休闲综合体。

2. 突出缝合空间、整合资源、复合功能的规划特色

（1）缝合新老城区空间，打造生活休闲中心，实现城市沿路连片发展

规划将龙溪湖地区整体打造成近郊型生态休闲综合体，通过综合体的建设缝合新老城区空间，同时增加旅游居住、公共设施、体育设施等用地，在龙溪湖地区打造生活休闲中心，在空间和功能上促进新老城区连片发展，优化樟树市的整体城市空间结构。

规划统筹与周边及新老城主要道路的衔接，加强龙溪河东西两岸及南北向交通联系，建立与新老城区快速联

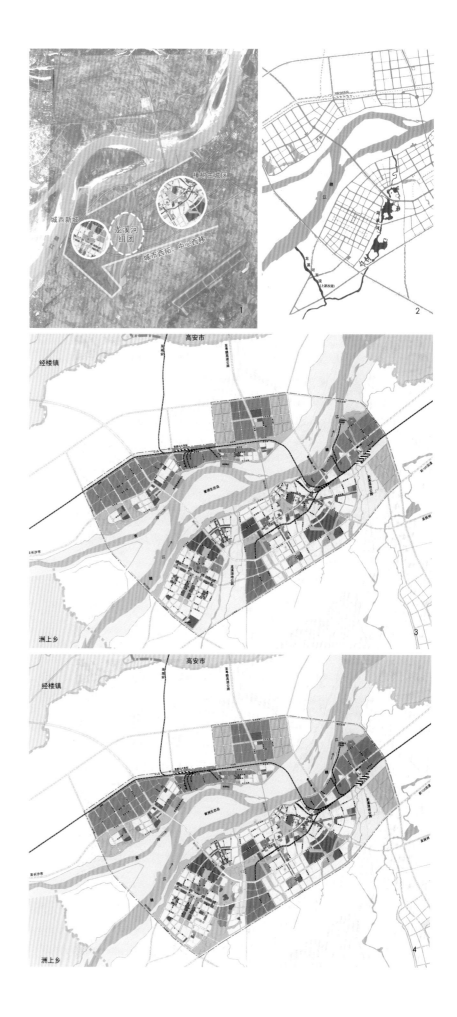

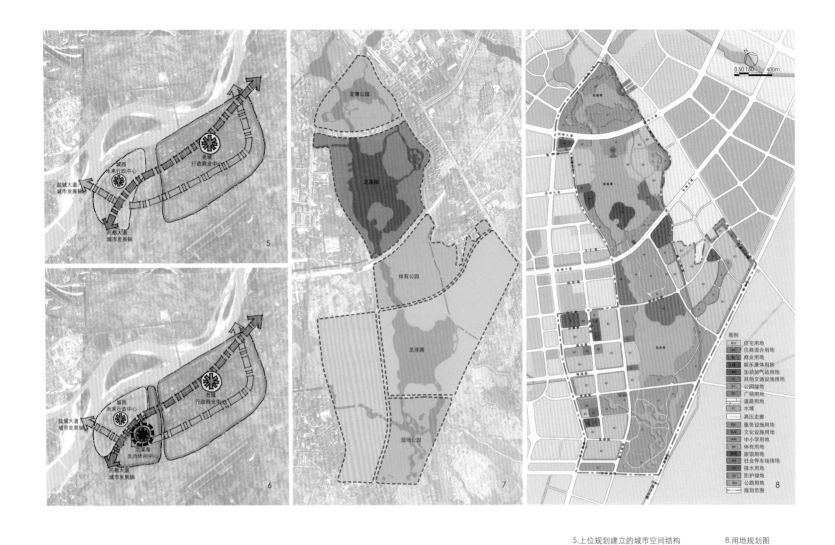

系的道路网系统：打通7条道路，对接老城区，打通16条道路，联系城西新城；新增四特大道、碧秀路、凯旋路、外环西路4条跨河道路；打通龙溪大道，北段与四特大道对接，南段与外环西路对接；取消晏公堤防洪功能，变堤为路。最终整体盘活土地两千亩，实现城市沿路往西紧凑连片发展。

（2）整合利用滨水资源，新增千亩滨水土地，强调环湖地区土地开发

整合龙溪河滨水资源，局部拓宽水面，形成两个人工湖。环湖建立公共开放的滨水广场、公园绿地、生活街区、风情小镇等，构建生态连续的滨水步道、自行车道，形成硬质与生态相结合的多样滨水岸线，打造公共开放的滨水开敞空间，促进龙溪湖地区城、景、湖的空间融合。

沿河、湖增加体育休闲、生态居住、商务办公、时尚购物等功能用地，新增近千亩的滨水一线城市开发建设用地，提升龙溪湖地区的土地价值，缓

解老城区土地压力。

（3）突出城市生活和休闲旅游功能，促进旅居一体化，体现多样性

龙溪湖地区作为近郊地区，承载着服务市民和游客的双重任务。规划在龙溪湖地区落实国家休闲旅游的政策，注入城市生活功能和休闲旅游功能，体现功能的复合多样性。

规划通过注入城市的文化娱乐、体育运动、商业购物来完善市民生活功能；通过注入生态观光、休闲度假、艺术展览、旅游体验来完善休闲旅游功能。最终将龙溪湖地区建设成为旅居一体的复合地区。

五、基于空间开敞、功能多样的生态休闲综合体设计

1.塑造"城市湖+休闲公园"的空间特色

规划形成"两个中心湖、三个休闲公园"的总

体布局结构，构建滨湖地区特色空间。

两个中心湖：包括龙溪湖、龙泽湖两个人工湖，强调环湖地区的资源整合与开发建设，塑造"城市湖"空间特色。其中龙溪湖注入休闲购物、文化娱乐、会议休闲等功能，建设城市休闲湖；龙泽湖注入旅游服务、高尚居住等主要功能，打造生态休闲湖。

三个公园：包括北部龙潭公园，中部体育公园和南部湿地公园。龙潭公园强调公园公共性，是以休闲游憩、文化娱乐、运动健身功能为主的综合性市民休闲公园；体育公园设置体育馆、游泳馆和体育场等项目，采用开放式布局，以满足市民日常体育休闲需求；湿地公园结合樟树本土文化，增加娱乐功能，设置生态科普馆、中药种植园、樟树园、青少年拓展基地等项目，打造市民生态休闲场所。

2.协调整体建筑风貌，强调公共建筑的标志性

协调龙溪湖地区的整体建筑风貌，建筑风格以

10

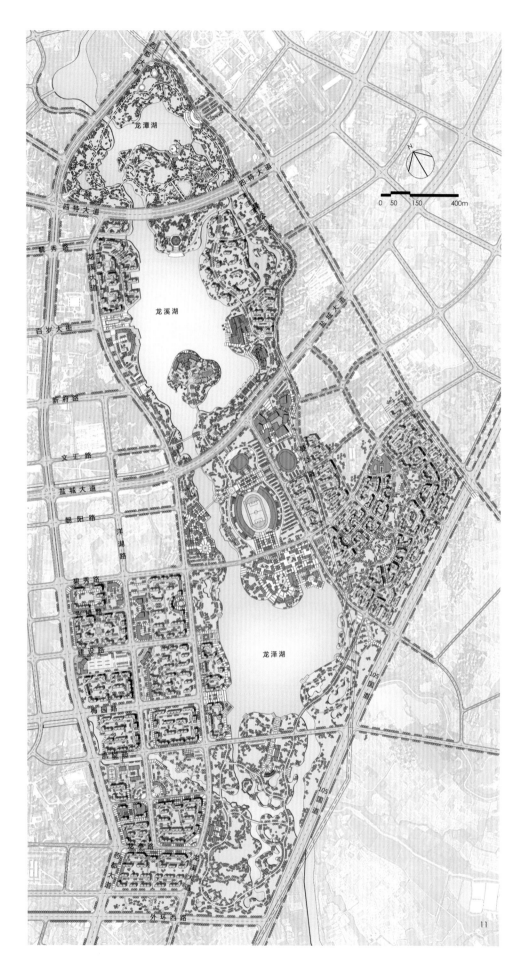

现代主义和简欧风格为主，严格控制建筑高度、建筑体量。滨湖建筑亲水、近水，采用点板结合的布局形式，创造更多的滨水景观界面，形成高低错落、进退有序的天际轮廓线。

环湖布局永泰塔、龙溪湖酒店、文化艺术中心、青少年活动中心、体育公园等标志性建筑和地区。永泰塔作为龙溪湖地区的空间制高点，位于四特大道以南、龙溪湖北岸，处于整个龙溪湖地区的咽喉位置，在空间上统领全局；在龙溪湖湖心蓄岛，岛上建设的五星级龙溪湖酒店，是龙溪湖景观视线焦点；文化艺术中心与青少年活动中心"双心联合"打造成文化艺术港湾，设计采用现代建筑风格，突出公共建筑的整体性与开放性；体育公园强调龙溪河两岸的整体开发建设，西岸建设休闲的风情商业街，东岸建设开放的一场两馆，并增设人行桥加强两岸互动。

3. 强调生活化、休闲性的景观环境，建立连续的环湖生态绿道

沿湖建设滨水广场、风情水街、主题公园等市民公共活动场所，设置体验性、参与性的景观小品和设施。结合滨水空间的不同功能特色，规划硬质岸线和生态岸线两类滨水岸线，整体体现生态性、生活性和建筑亲水性，同时强调疏林草地的景观环境品质。

环湖构建15km长的连续生态绿道。绿道主要由步行道、自行车道等非机动车道和停车场、游船码头、自行车租赁点、旅游商店等游憩配套设施构成。同时将水上交通与绿道系统相结合，建立步行游线、自行车游线、水上游线三大游览系统，为游客提供多样化的游览方式。

六、结语

通过樟树市龙溪湖地区的规划实践，我们认为在国家新常态背景下的新型城镇化建设时期，打造城市近郊区生态休闲综合体在优化城市空间结构、集约城市土地资源、塑造城市特色空间、完善城市功能、增强地区活力、提升城市品质等方面具有战略性的指导意义。本次规划主要有以下四个方面的借鉴意义。

第一，空间发展上，注重近郊滨水地区的开发建设，打造中心，缝合新老城区空间，促进城市集中紧凑连片发展。通过打造特色滨水空间，形成多样的城市空间。

第二，功能布局上，转移泄洪、滞洪功能，打破以往强调住宅开发的发展模式，注入城市生活和休闲旅游功能，新增近千亩滨水土地，盘活两千亩周边土地。

第三，项目开发上，改变原有单一开发湿地公园的发展思路，打造生态休闲综合体，形成复合多样的功能业态，积聚人气。通过集聚城市文体休闲项目，为市民和游客提供生态休闲场所。

第四，环境品质上，充分利用滨水资源和生态环境资源，强调景观的休闲化与品质化，突出休闲旅游的环境品质。

目前，龙溪湖地区正按照规划开展建设工作：整个5km²范围内的道路骨架基本拉开；土方平衡工程、水系梳理工程、管线贯通工程已实施完工；一期重点项目龙潭公园的建设工作正在启动。原来被遗忘的城市近郊区——龙溪湖地区正日益焕发出滨水地区的生机与活力。

作者简介

潘　尧，上海同异城市设计有限公司，城市规划所所长；

昝丽娟，上海同异城市设计有限公司，总规划师；

符映凤，上海同异城市设计有限公司，主创设计师。

项目负责人：疏良仁

主要参编人员：昝丽娟　陈宇昕　潘尧　黄利　符映凤　孙小飞　李杰　祁飞

11.总平面图
12.滨水广场
13.龙溪湖生活街区
14.体育公园

营造田园小镇风格，实现跨越式发展
——固安温泉商务产业园区概念规划及重点区域城市设计

Create a Rural Town Style, to Achieve Leapfrog Development
—Conceptual Planning and Design for Gu'an Spa Business Industrial Park

邱 枫 还 磊 张宇星
Qiu Feng Huan Lei Zhang Yuxing

[摘　要]　本文以华夏幸福基业股份有限公司主持完成的固安温泉商务产业园概念规划及重点区域城市设计为例，对北京产能外溢导致的周边城镇城市功能战略转型与城市规划问题进行探讨。本文认为，通过概念规划这一理想的蓝图来探索思路的创新性、前瞻性和指导性，从而引导快速城市化背景下的城市建设，是符合当下的国内现实背景和长远发展态势的。

[关键词]　产能外溢；战略转型；田园小镇；跨越式发展

[Abstract]　This paper based on the case of the concept planning and key areas' urban design of the spa business industrial park in Gu'An. The case is presided over by the Profile of China Fortune Land Development Co., Ltd. Beijing productivity spillover caused by surrounding towns urban function transformation and change of urban planning strategy are also discussed in this paper. In conclusion, through the design method of concept planning which is ideal blueprint to explore the innovative, forward-looking and guidance of design method, so as to guide urban construction that under the background of rapid urbanization. And this kind of design method is in accordance with the present domestic realistic background and the long-term development trend.

[Keywords]　Productivity Spillover; Strategic Transformation; Rural Town; Leap-forward Development

[文章编号]　2016-71-P-092

一、引言

休闲是21世纪旅游需求的主题。温泉旅游凭借其健康、养生休闲于一体的复合功能而逐渐成为休闲旅游市场的一大热点。其旅游产品的开发模式在经历了观光娱乐式-主题度假式-综合开发式的发展历程后，"温泉养生+会展商务"以其较高的综合效益（生态、经济、文化效益）和广阔的发展前景而成为目前旅游业中的高端产品。

二、项目背景

固安温泉新城位于河北省固安县牛驼镇以南，东临永清县，南接霸州市，总面积约51km²。固安，历史悠远、人文荟萃、钟灵毓秀，素有"天子脚下、京南明珠"之美誉。本文从对规划区的资源分析入手，结合项目策划，提出固安温泉新城概念规划与发展策略，以实现跨越式发展的崭新使命。

三、资源丰富

1. 政策资源

（1）国家战略：推进京津冀一体化，打造首都经济圈

北京：世界城市，天津：北方经济中心。京津冀区域发展规划作为国家战略即将实施，京津冀都市圈在区域性开发的大潮中占据着"领袖地位"。

京津冀区域大整合，首都都市圈的打造和北京大外环建设是固安前所未有之机遇。

（2）北京往南：城南行动和首都新机场的建设

"北京市未来发展的战略空间和北京参与京津冀区域合作的重要门户通道"。

北京启动的"南扩东移"产业转移战略和首都新机场的建设将加速固安发展总部经济、会展博览、休闲旅游等产业的步伐。

（3）京南新区：环首都绿色经济圈的重要组团

2010年，河北省提出"环首都、环渤海"两环战略。推进环首都经济圈产业发展的重要抓手是"13县1圈4区6基地"。

固安位临河北首都经济圈的门户，是京津对接的战略性节点，也是承接北京人口疏解、高端产业外溢的桥头堡。

（4）固安：北京构建世界城市的南大门

以服务北京为着眼点，加速发展北京需要而还未形成的产业和城市功能；以生产和服务并重，走新型工业和现代服务业双轮驱动的产业发展路径；以三大新城开

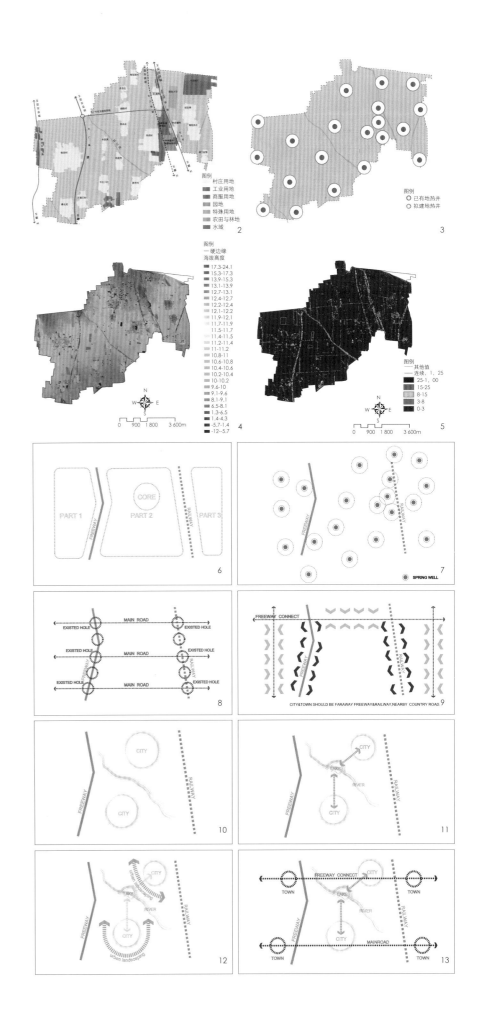

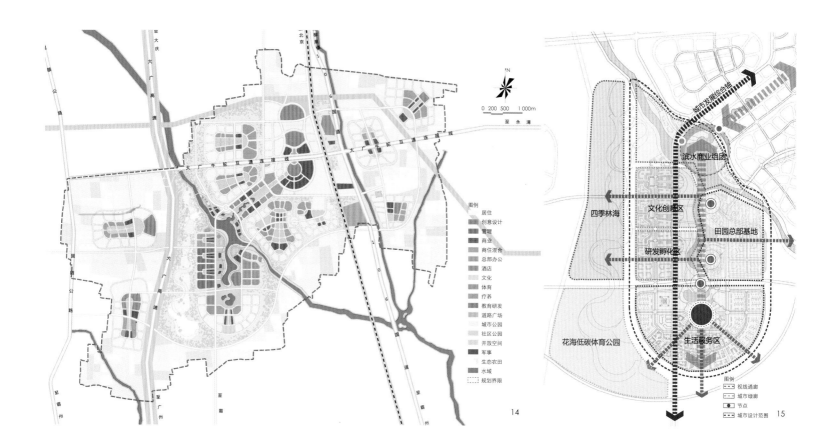

14

15

14.土地利用规划图
15.核心区结构图
16.规划结构图
17.交通系统规划图
18.景观系统规划图

发为重点，形成功能互补、品位高端的城市新型增长平台。

固安定位：以"产业之区、休闲之地、空港之都、宜居之城"为内涵的京南卫星城。

2. 交通资源

固安绝佳的交通区位优势：地处天安门正南50km的黄金位置，是北京的"南大门"；距离拟建的首都新机场仅10km；距离首都机场1小时车程；东南距天津110km左右，驱车1.5小时可以到达天津港。

3. 温泉资源

固安地热丰富，为世界四大富热田之一。（其余三个为法国巴黎盆地、日本秋田县、北京小汤山）中国矿业联合会命名为"中国温泉之乡"。出水平均温度80℃以上，富含有益人体的矿物质。

北京周边温泉度假区呈现数量多而档次低，休闲多而度假少，建区多而建城少。

4. 人文资源

固安多元文化，历久弥新。

（1）璀璨夺目的民间艺术

屈家营音乐、固安柳编、刑氏纸雕、焦氏脸谱、金鸿珊京派鼻烟壶、固安戳脚、八卦掌。

（2）星罗棋布的古迹遗址

孙膑墓、药王庙、驸马坟、李牧将台遗址、迷魂阵遗址、林子里烈士墓、李公祠、东岳行宫、金代尊胜陀罗尼经幢。

5. 经济资源

休闲时代的到来，为固安开发温泉新城提供了难得的发展机遇，以温泉为依托的固安温泉新城的开发建设为环渤海地区的城镇居民的休闲度假提供了新的选择地。

四、固安温泉新城总体定位

固安温泉新城将在充分借鉴世界各地的温泉新城（小镇）开发经验教训的基础上再创新，实现顶级发展，成为国内外温泉新城开发的新样板。

以"温泉"为先导，构建休闲全产业链，构建"旅游度假、高端商务、文化创意、健康养生"四大主题概念的温泉新城。

1. 发展理念

（1）立足京津

固安温泉新城的发展必须纳入北京和天津的发展格局中，充分利用机场、市场需求以及产业基础，积极服务、主动融入、特色定制，提升自身实力。

（2）抢占高端

树立精品开发意识，对接区域发展诉求，积极发展高端休闲、总部商务、健康养生和文化创意等现代服务业，抢占区域发展的制高点。

（3）建区为城

改变原有的休闲度假区的发展模式，按照城市副中心的定位，强化城市职能，打造多元化的复合功能，以聚集人气、提升综合服务能力。

（4）提振固安

通过核心的项目策划和高品质的项目建设，推动温泉新城的整体开发，为固安现代服务业发展树立标杆，使之成为提振固安发展的又一重要引擎和抓手。

2. 总体定位

庆典之城养生会都——中国会奖主题度假小镇。

一个国际田园商务休闲的品牌典范；

一个全面展示健康养生文化的大观园；

一个带动固安城市转型跨越的服务新城。

发展思路：以导入外来人口机制，作为新城的主要驱动因素，带动新城发展，有效途径是通过满足京津城市人口的投资和消费需求，才能实现人口的有效导入，实现新城发展。鉴于此，固安温泉商务产业园区的开发建设应从构建目的地发展的总体思路出发，以市场分析为基础，形成产业体系，构建中国温泉旅游目的地。

五、固安温泉新城发展策略

1. 产业发展策略

市场定位：

大众旅游市场：欢乐•庆典•假日；

家庭度假市场：健康•幸福•温暖；

情侣蜜月市场：浪漫•甜蜜•温馨；

商务度假市场：悠闲•精致•舒适；

运动休闲市场：绿色•活力•创意。

构建以温泉资源为核心，以"高端商务、休闲度假、健康养生、文化创意"为四位一体产业体系。

生态为本底、以温泉为特色，形成休闲度假、高端商务、健康养生、文化创意四大互为带动的产业体系。

2. 空间构成策略

如何在环京津地区众多温泉度假项目当中脱颖而出？如何构建生态田园小镇？如何合理开发降低成本？如何充分利用资源？是本次规划的重要课题。

（1）构思原则

以小镇结构为主题，自然肌理、温泉井位为辅，综合考虑，以现代田园城市为理念指导，将园区建设成为现代田园城市建设的标杆。

（2）构思策略

以现有庆典广场为核心，以高速和铁路为界，将规划区划分为三大片区。

依托现状温泉井位资源分布，设置主要功能。

根据现状铁路和高速公路下穿通道，组织区域交通系统。

充分利用国道、省道和高速连接线的有利因素，消

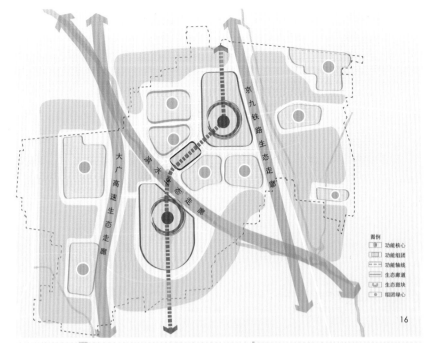

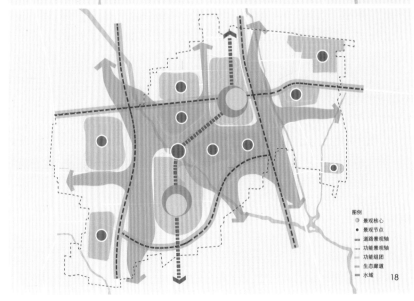

除高速公路和铁路的不利影响。

以庆典之城为核心构筑休闲度假片区，同时跨河发展打造集总部办公、创意研发、公共服务的新城中心。

局部区域小面积开挖湖面，引水入城，打造滨湖公共休闲空间。

同时依托东西两侧的温泉和自然景观资源，打造特色健康养生区，以主要道路与中央区域形成一体。

（3）规划结构

双核引领、栖水筑城、湖光泉景。

以庆典广场和南部商务中心两大核心为引领，依托自然水系，构筑城市滨水中心，扩大水系，打造湖光泉景新城风貌。

3. 道路交通策略

对外交通：通过大广高速、京九铁路、106国道、大广牛驼连接线、固雄公路等多种陆运方式加强与周边联系，形成四通八达的陆运交通网络。

主干道：双环形主干道将主体功能区由内至外划分为三个圈层，各组团之间再以次干道相串联，构成快速便捷的干道系统。

次干道与支路：规划加大次干道与支路网密度，特别是各组团内部，加强道路微循环。

4. 景观构成策略

（1）两核辉映、点轴布局

虹江河北岸的庆典之城和南岸的商务中心共同构成了规划区内两大核心景观，并通过开敞廊道空间相互联系，交相辉映，塑造养生绿谷的核心区形象。同时规划通过各功能节点的连接，以纵横开阖的景观大道形成景观轴线，打造开合有序、富有变化的景观系统。

（2）蓝脉绿网、生态共享

规划将主要河流与绿地系统进行有机联系，形成蓝绿交织的生态网络，各组团以此为生态本底，共享共融。

5. 开放空间策略

（1）双心多点、一园两片

庆典之城中心区与商务中心水景构成了开放空间的两个核心聚焦点，统领各组团内中心绿地。商务中心外围的大型城市公园与虹江河两岸的滨水活动区连成一体，构成最重要的公共休闲游憩空间。

（2）三廊四轴、绿契渗透

规划区内三条主要水系和四条主要道路奠定了开放空间的整体格局，生态绿契贯穿其间，各组团既相对独立又有机联系。

6. 核心区城市设计

一湖四区、两轴多点。

以人工湖为公共核心，沿湖分布总部经济区、文创研发区、公共服务区和滨湖商业区四大功能区。以环湖路为功能主轴，串联各功能区。以景观主轴将湖景与南部公共绿化廊道串联，形成景观的渗透。

六、结语

概念规划是介于发展规划和建设规划之间的一种新的提法，它不受现实条件的约束，而比较倾向于勾勒在最佳状态下能达到的理想蓝图。它强调思路的创新性、前瞻性和指导性。

在固安温泉新城概念性规划中，始终贯穿的是一种田园小镇空间的塑造意识，充分利用现有资源，以温泉资源为基础构建组团；以生态绿带、生态农田分割组团，以环状绿道串联组团；以文化资源丰富组团。规划师通过空间类型的设定，不仅梳理了各组团的功能关系，也形成了各具特色的组团景观，产生了田园小镇般的外部空间体验。通过别样的田园小镇风光，来吸引北京及其周边地区高端群体的入驻，从而使跨越式发展成为可能。

作者简介

邱枫，同济大学城市规划硕士，德国魏玛包豪斯大学城市规划硕士；

还磊，北京师范大硕士，华夏幸福基业镇江平台规划建设部高级经理；

张宇星，城市规划师。

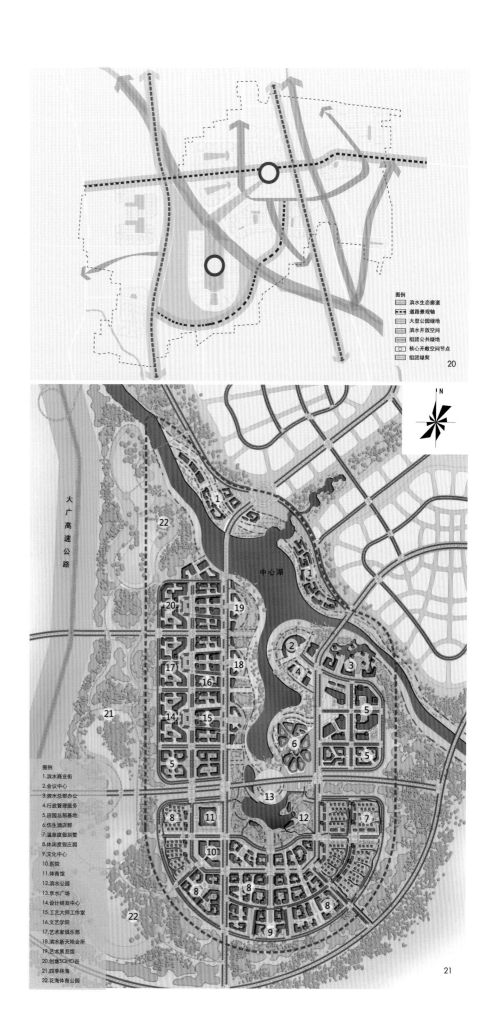

图例
滨水生态廊道
道路景观轴
大型公园绿地
滨水开放空间
组团公共绿地
核心开敞空间节点
组团绿契

20

大广高速公路

中心湖

图例
1.滨水商业街
2.会议中心
3.滨水总部办公
4.行政管理服务
5.田园总部基地
6.仿生酒店群
7.温泉度假别墅
8.休闲度假庄园
9.文化中心
10.医院
11.体育馆
12.滨水公园
13.京水广场
14.设计研发中心
15.工艺大师工作室
16.文艺学院
17.艺术家俱乐部
18.滨水新天地会所
19.艺术展览馆
20.创意SOHO谷
21.四季林海
22.花海体育公园

21

问题型非法定规划
Conceptual Plan for Problem-solving

整体空间设计与城市风貌规划融合的实践探索
The Practical Exploration of Overall Spatial Design and Urban Landscape Planning Integration

黄 伟 昝丽娟 金 英
Huang Wei Zan Lijuan Jin Ying

[摘 要] 改革开放三十年来，中国的快速城市化进程，极大改变了城市的面貌形象，同时，也带来了诸如城市风貌千城一面、城市空间形态碎片化、城市品质形象不突出、城市传统文化割裂等 系列城市建设问题。目前，风貌规划编制主要注重对城市风貌研究、城市建筑风貌引导、城市景观环境改造提升等宏观和微观方面进行研究分析，而缺少以整体空间形态为导向，通过优化城市空间布局、提升城市文化内涵、建立整体风貌品质特色的中观层次研究，本文在国内外城市风貌规划研究的基础上，结合多个城市风貌规划的实践案例，提出了基于整体空间形态的城市风貌规划方法，构建"宏观战略引导—中观空间引导—微观设计导则"的规划编制体系，希望为其他城市的风貌规划编制提供借鉴和参考。

[关键词] 城市风貌规划；整体空间设计；设计导则；编制方法；编制体系

[Abstract] 30 years' reform and opening-up, China's fast urbanization process greatly changed the face of city image, while it brought a series problems of city construction, such as, cities are all identical, fragments of urban spatial morphology, urban quality is not outstanding, division of urban traditional culture etc. At present, the landscape planning compilation mainly focuses on macro and micro aspects research and analysis about cityscape research, city building style guidance and upgrading the city landscape environment, but lack of meso-level study, which is overall spatial morphology oriented, by optimizing the layout of urban space, urban culture, establishing the overall style, quality and characteristics. This article presents the overall space design method of urban style, which based on urban landscape planning at home and abroad, combined with the multiple city planning practices, and builds the planning system of "macro-strategy guide-meso space guide-micro design guidelines". Hope this article can provide some reference for other cities' urban landscape planning.

[Keywords] Urban Landscape Planning; Overall Space Design; Micro Design Guidelines; Planning Method; Planning System

[文章编号] 2016-71-P-098

1.松雅湖南岸概念性城市设计平面图
2.长永高速城市改造规划设计平面图
3.松雅湖南岸概念性城市设计效果图
4.长永高速城市改造规划设计效果图

一、引言

伊利尔•沙里宁曾讲过，"让我看看你的城市，我就知道你的人民在文化上追求什么"。城市风貌作为城市气质形象和文化内涵的外在体现，主要内容包括物质类要素和非物质类要素，物质类要素如自然环境、城市格局、肌理形态、开敞空间、建筑风貌、街道景观、城市夜景等，体现城市外在形象；非物质类要素包括历史文化、城市活动、产业特色、市民面貌等，体现城市内在气质。

由此可见，城市风貌规划涵盖内容较为广泛，主要涉及城市及其周边的自然环境、城市发展的历史积淀、城市建设的景观环境、社会生活习俗等方面，城市风貌规划是以空间为载体，通过整合城市的自然、历史、人文等要素，达到强化城市特色，提升城市形象的目的。

城市风貌规划的编制为规划决策者和管理部门提供了城市风貌控制和引导措施。有效弥补了现状法定规划体系在保护与强化城市个性特色方面的不足。

二、国内城市风貌规划实践

1. 国内风貌规划实践

我国的城市风貌规划伴随着20世纪80年代末90年代初的城市文化特色研究而出现，大致经历了三个发展阶段。

（1）历史风貌保护研究

早期的城市风貌规划偏重于对历史风貌保护的研究，以历史文化名城保护规划为主。通过保护城市的历史建筑、历史街区，延续传统风貌、山水格局，确定城市形象特色。例如杭州塑造"三面云山，一面城"，桂林打造"漓江山水"等城市风貌。

（2）城市美化运动

随着对城市环境品质的日趋重视，在中国大地掀起了城市美化运动，广泛开展了城市环境综合整治、城市形象建设、城市美化工程，如北海市以"整治城市环境、完善城市功能、提高城市品位、塑造城市形象"为目标的美化工程。

（3）城市文化特色提升

近几年来，城市风貌规划的理论研究得到长足发展，侧重于研究在城市总体规划确定的城市性质引导下的城市环境特征建设，性质不同，其城市的环境特色、建筑形象、文化氛围也不同。如历史文化名城西安、风景旅游城市桂林、工业城市抚顺、港口城市连云港等都相继编制了城市风貌规划。

以上分析可以看出，我国的城市风貌规划已开始由专项研究规划向对法定规划编制内容的补充和完善转变，重视对城市资源的整合、形象特质和文化品质提升以及城市品牌的打造。

2. 风貌规划存在的问题

目前，国内的风貌规划仍处于起步阶段，各编制主体对风貌规划的编制内容、方法、深度等方面都存在较大差异，还未形成统一的编制标准和评价标准。当前的城市风貌规划实践普遍存在以下四个方面的现象与问题：

（1）规划编制内容面面俱到，缺乏针对性

各城市的风貌规划编制偏重于风貌理论研究，主要内容近乎类同，既未突出重点，又缺乏针对性。而我们之所以实施城市风貌规划，根本目的就是要展现城市的独特性，所以城市风貌规划的内容不在于对所有要素的全面覆盖，而在于针对的有效性。

（2）空间发展布局服从总规，缺乏统筹性

城市风貌规划被认为是城市规划的一个专项规划，在风貌定位及空间发展布局等宏观方面，只是承接城市总体规划和详细规划确定的内容，并进行细化，未能有效的对其补充和完善，通过建立城市整体风貌结构，各项规划形成有效互动。

（3）风貌提升策略笼统空泛，缺乏实施性

城市风貌规划成果往往以意向图纸和文本为主，具体的风貌提升策略大都较为笼统而空泛，缺少对具体片区、地块、建筑风貌等方面的控制引导，也未转变为具体的行动纲领，导致规划管理人员难以找到明确的裁量标准控制引导城市建设。

基于上述现象，通过实践研究和总结城市风貌规划的编制体系和编制方法，使之形成统一的技术规范，是当前我国开展风貌规划需要迫切需要解决的问题。

三、城市风貌规划编制方法

1. 编制方法

通过对国内外城市风貌规划实践的研究，我们认为风貌规划是一项承接总体规划同时引导详细规划的综合性规划，解决城市两个核心问题，一是城市空间形态与特征，二是城市环境与品质，即在整体空间形态基础上，通过城市设计的手段，对城市的宏观、中观、微观各层面进行整体控制和引导。

（1）宏观层面

以上层次总体规划确定的城市总体格局为依据，通过整合城市资源，对城市文化、整体形态、空间景观进行研究，确定城市风貌的总体定位、战略目标和空间结构，建立城市整体风貌结构，弥补城市总体规划缺乏对空间格局和风貌特色等方面的研究。

（2）中观层面

采用不同深度的规划控制方法，对宏观层面确定的城市整体风貌结构中的重要风貌节点（广场、公园、道路交汇点等）、特色地区（中心区、历史文化区、滨水区等）、风貌轴带（滨水景观带、重要道路景观带等）等进行城市设计，对城市道路景观、建筑

风貌、土地开发强度等进行引导，为下一步详细规划提供科学合理的指导依据。

（3）微观层面

针对城市各风貌构成要素如自然环境、城市色彩、城市格局、建筑风貌、城市雕塑、街道景观、城市夜景等进行分项研究和系统性引导，其成果表现为风貌导则形式。制定城市风貌规划实施项目和实施办法，并与其他规划和管理条例配合使用。

通过以上梳理总结，风貌规划编制框架主要包括现状风貌评价、战略性引导、空间性引导、意向性引导和实施建议五个部分。其中，现状风貌评价是对物质类风貌要素和非物质类风貌要素进行系统挖掘、整理，并提出现存的主要问题，是风貌规划编制的基础，具体评价要素见表1所述。

2. 编制特点

（1）建立整体性的空间结构

风貌规划中空间结构的整体性主要体现在两个方面：

宏观层面，承接总体规划，整合城市土地资源，提出城市发展战略，并对城市发展方向、用地布局提出优化调整建议；使得规划成果既可承接上轮总体规划，又能对下轮总规修编进行引导。中观层面，对整体空间形态、环境景观进行研究，建立城市整体风貌结构，包括风貌片区、风貌节点、风貌轴线等，并通过对其进行设计控制引导，为后续详细规划提供指导。

（2）采用多样性的编制方法

综合运用各种规划方法和手段，针对不同地区提出不同风貌提升建议，强调风貌规划在编制方法和规划成果的表现形式上的多样性和灵活性。

如针对已建成地区，提出风貌提升的具体改造意见，通过改造设计优化建筑环境品质；针对未开发地区，通过城市设计对空间发展和整体风貌进行引导，为今后的规划管理和建设提供指导性意见。

（3）构建引导性的风貌导则

对重要风貌节点和风貌片区进行城市设计，强化土地性质、开发强度、空间特色、建筑风貌等城市空间要素的设计引导，并对各城市空间要素的引导内容进行提炼终结，以文本条例的方式出现；同时对雕塑小品、夜景照明、城市色

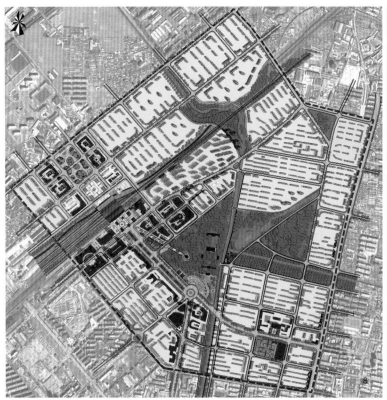

5.风貌规划结构图
6.辽阳市历史文化旅游名城建设布局图
7.风貌规划用地规划图
8.站前地区城市设计平面图
9.城墙遗址公园城市设计效果图
10.站前地区城市设计效果图

彩、室外广告物、公共设施与街道家具等城市环境要素提出意向引导和设计说明。通过将各城市风貌要素以风貌导则的形式进行控制引导，将更好地指导规划管理部门的城市风貌建设。

四、城市风貌规划实践

风貌规划是一项复杂的系统工程，每个城市的风貌特色因其地域环境、历史演变、发展阶段、空间政策等的不同而存在差异性，所以我们倡导问题导向型的城市风貌规划。在详尽的现状调研、分析、规划解读的基础上，针对发展面临的问题，提出整体风貌提升战略，编制重点突出、行之有效的风貌规划成果。通过编制三个城市的风貌规划，在实践中落实了以问题为导向的编制方法。

1. 城市设计与风貌引导相结合——《长沙县星沙城市风貌整体规划》

（1）编制背景

星沙又称长沙经济开发区（国家级），位于湖

南省长沙县中部偏西，为长沙县城区和工商业中心，是一座充满活力的人居新城和工业新城。经过二十年的发展，从一个普通的小镇一跃成为全国百强县县城。

作为长沙市重要的旅游观光、休闲胜地；湖南省、长沙市对外工业经济技术合作首要窗口。对星沙城市形象和城市品质提出更高要求。然而处于快速城镇化的星沙，城市建设过程中存在城市空间发展结构不合理，工业与居住混杂，建筑高度色彩缺乏整体控

制、开放空间尺度过大，滨水空间未能有效利用等一系列问题，在此背景下，城市形态亟须向品牌质量型转化，需要对城市形象进行重新塑造，对文化特色进行深入挖掘，展现国家级经济开发区的风采，提高区域核心竞争力。

（2）规划内容和方法

规划从宏观、中观、微观三个层面对星沙风貌进行控制。提出了促进产城融合、完善风貌结构、整合滨水资源、提升老城品质、打造中心节点、美化街

表1			风貌现状评价内容
风貌现状评价内容	山水资源		地形地貌、山体、水系、自然植被等
	历史人文		历史沿革、历史文化、文物古迹、历史人物、历史事件、民俗风情等
	空间格局	城市格局	形态演变、用地形态、道路格局、风貌格局等
		开放空间	广场、公园、街头绿地等
		土地利用	土地建设情况、土地使用功能、土地开发强度等
	环境品质	建筑风貌	高度与体量、风格、立面与屋顶等
		街道景观	街道尺度、街道界面、街道绿化、街道家具、室外广告物
		城市色彩	建筑立面色彩、建筑屋顶色彩等
		城市夜景	主要风貌中心、节点、轴带及特色区域

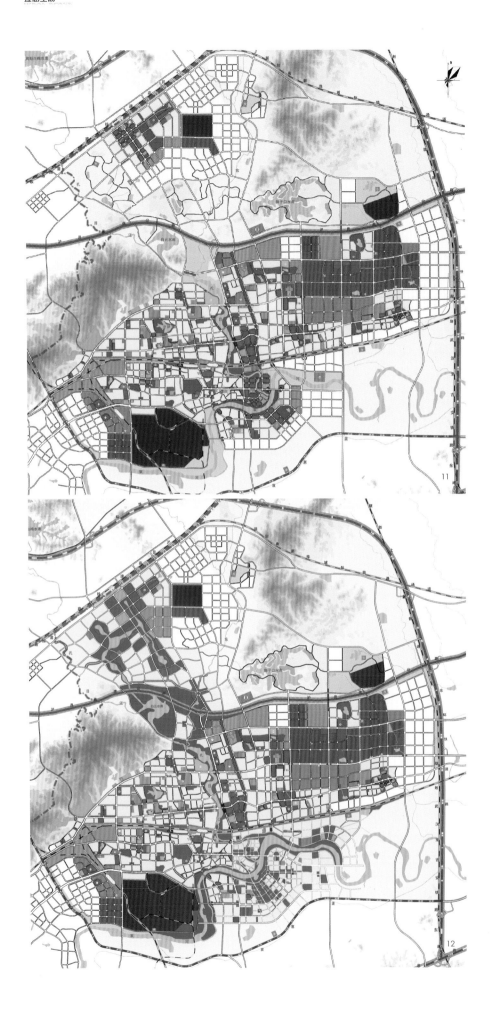

道景观、控制开发强度等七大城市风貌提升策略。通过实施提升策略，最终实现活力星沙、生态星沙、品质星沙的三大战略目标和县城向副城、单一的工业城向多功能产业城两大转型。

①宏观层面提出整体风貌战略，对城市发展方向、空间形态和用地布局提出调整建议；

②中观层面建立城市整体风貌结构，确定近期风貌提升策略和重点项目；

③微观层面对星沙重要的风貌中心节点、轴带、区域进行概念设计，同时编制风貌通则，对建筑风貌等十三个城市构成要素进行引导。

同时为进一步落实星沙城市风貌提升战略，本次规划对星沙重要片区进行了概念性城市设计，包括：松雅湖南岸核心区、长永高速、CBD商务中心、体育文化新城、板仓路历史街区以及部分城市风貌节点。

2. 历史文化与空间形态相结合——《辽阳市城市风貌特色规划》

（1）编制背景

辽阳是一座有着2400多年历史的文化古城，有着丰富的历史文化资源，如古都文化、汉文化、辽金、后金文化等，同时也是新兴现代石化轻纺工业基地。近几年，辽阳市社会经济有了较快发展，但城市建设相对滞后，城市形象不佳，深厚历史文化也未能得以传承与提升，风貌特色不明显，这些都已成为制约辽阳城市形象提升，阻碍城市经济增长的重要因素。

随着市委市政府提出了建设辽阳特大型城市的宏伟战略目标，以此为契机辽阳市政府做出了编制辽阳市城市风貌特色规划的重大战略决策，用以指导城市未来的开发建设，提升辽阳的城市形象。

（2）规划内容和方法

规划在充分研究现状风貌特征的基础上，从辽阳自然环境、历史人文、整体空间格局出发，提出将辽阳市城市风貌特色定位为"人文名城，品质都会"，以打造"山水、文化、休闲"的"宜居之城"为目标，提出"功能提升、空间优化、文化品牌及形象美化"四大战略。具体风貌规划措施为：

①依托城市总体规划，提出整体风貌战略，并对城市发展方向、空间形态、用地布局提出调整建议，以满足辽阳城市发展的现实性要求。

②在整体风貌战略的指导下，建立城市整体风貌结构，确定近期风貌提升策略和重点项目，有效提升城市形象。

③针对辽阳城市历史文化深厚的特点，着重对

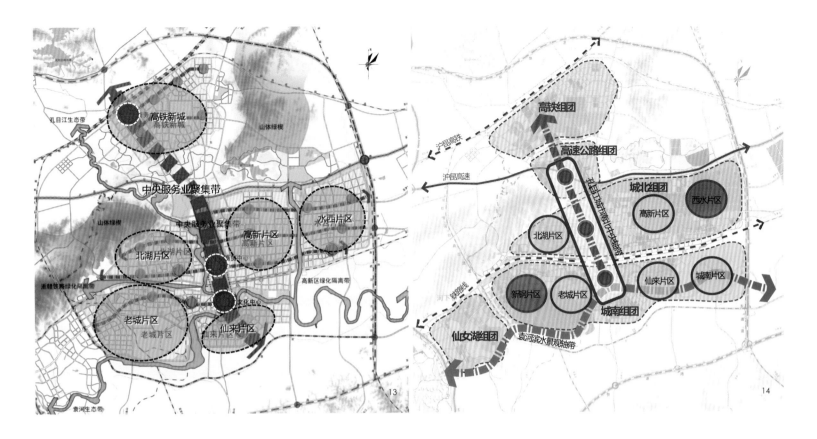

古城区、护城河两岸等特色风貌区域进行了规划设计，打造突显辽阳历史文化的城市特色风貌。

④对重要的风貌中心节点、门户地区等进行概念性城市设计，对今后的规划管理和建设提供具体的指导性意见。

3. 宏观战略与整体形态相结合——《新余市城市风貌整体规划》

（1）编制背景

新余是江西最年轻的工业城市，地处南昌、长沙两座省会城市之间，良好的区位条件和强劲的经济实力使其区域中心城市的地位日益凸显。伴随着钢铁业的兴衰，新余走过了因钢设市，因钢撤市，因钢复市，因钢兴市的城市发展之路。同时，新余也在赛维高速发展的驱动下，成功实现城市发展动力转型，光伏产业成为振兴新余的新动力，新余已成为国家级新能源科技城。但城市的快速发展导致了新余城市框架拉得过大，造成南北组团缺乏空间上的联系，同时孔目江作为南北向贯穿新余的城市景观河，一河两岸城市空间景观特色不突出，建筑风貌城市色彩杂乱无

序，缺乏统一协调。在此背景下，新余市亟须塑造城市特色，提升城市品质，增强城市竞争力。

（2）规划内容和方法

规划在充分研究新余城市空间格局及现状风貌特征的基础上，通过整合山水资源，优化城市空间布局，运用"宏观战略+整体形态"的思维，发现城市空间价值和密码，提出"建设山水绿城，打造活力轴带"的城市风貌战略。

①建设山水绿城

强调山水资源与城市发展结合，重点打造毓秀山风景区；突出滨水城市特色，强调滨水空间的公共性、开敞性和连续性；强化高速公路出口节点，优化沿河道路网，塑造北入口门户节点；高铁组团，应引入自然开敞的湖面水系和大型绿地，优化方格网道路系统。

②打造活力轴带

突破原总规，打造孔目江及袁河两条十字形活力轴带，形成两江四岸联动发展的城市格局。

a.孔目江中央活力轴带

规划以孔目江景观带为核心，南北依次有机联

系仙来中心组团、孔目江中心组团、高速公路组团及高铁组团四大功能区。打造集商业服务、商贸物流、滨水休闲、生活居住等功能于一体的城市中央活力轴带。

b.袁河滨水景观带

规划以袁河生态新城为核心，将袁河打造成两段具有不同主题特色的滨水区域。东段以城市为主题，注重将公共设施及人的活动亲水最大化，营造舒适的滨水步行空间。西段以生态为主题，营造良好的滨水生态景观。

通过孔目江中央活力轴带和袁河滨水景观带的打造，聚集城市功能，提升城市品质，塑造城市形象，带动城市发展。

此外，规划对新余重要的风貌节点及景观道路进行了改造设计，如高速公路组团、袁河生态新城、火车站地区、孔目江核心区、劳动路、胜利路等。

五、结语

通过对以上三个不同性质、不同特色城市风貌

15

16

17

18

规划项目的实践，我们认为，城市风貌规划在编制方法和内容上应注重创新，强调城市空间结构、发展战略和城市文化的融合。强化城市风貌的整体性、多样性和实施性，有效指导城市规划管理。

风貌规划编制创新主要从以下三个方面体现：

（1）承接总体规划 优化空间布局

以上层次总规为依据，通过整合城市资源，对城市文化、整体形态、空间景观进行研究，确定城市风貌的总体定位和战略目标空间，并对城市发展方向、空间结构、用地布局提出调整建议。作为总体规划修编的依据。

（2）建立风貌结构 强化风貌设计

通过对城市空间格局、自然环境资源等方面进行研究，建立城市整体风貌结构，包括风貌片区、风貌节点、风貌轴线等，并通过对其进行设计控制引导，对重要的风貌中心节点和风貌地区进行概念性城市设计，确定土地性质、开发强度、空间特色、建筑品质等；为后续详细规划提供指导。

（3）制定行动纲领 编制风貌通则

结合风貌提升策略，制定近期、中期、远期各个阶段的提升行动工程项目安排，确保城市风貌规划有序实施。同时编制风貌通则，对建筑风貌、城市色彩、开发强度、街道景观设施、雕塑小品、城市夜景等方面进行控制引导，指导各项详细规划编制和城市建设实施。

作者简介

黄 伟，上海同异城市设计有限公司，城市设计所所长；

智丽娟，上海同异城市设计有限公司，设计发展部总监；

金 英，上海同异城市设计有限公司，主创设计师。

项目负责人：疏良仁

主要参编人员：智丽娟 黄伟 陈宇昕 潘尧 黄利 华乐 闫强

15.高速公路组团城市设计平面图
16.袁河生态新城城市设计效果图
17.高速公路组团城市设计平面图
18.袁河生态新城城市设计效果图

大厂矿区国家级绿色矿山建设规划探讨
Study on the Construction Planning of the National Level of Green Dachang Diggings

高 萍 李东坡 童自信
Gao Ping Li Dongpo Tong Zixin

[摘 要]　国家绿色矿山建设规划的编制是推进我国绿色矿山建设的重要内容和关键环节,是解决矿山可持续发展的最佳途径,是矿业行业当前面临的一个全新的课题。本文概括了大厂矿区建设条件与存在问题、建设目标与建设规划原则,探讨了资源利用、科技创新与节能减排、生态建设与环境恢复治理、矿山企业文化建设与社区和谐发展等4个绿色矿山建设规划任务及其相关的重点工程,为全国国家级绿色矿山的建设规划提供思路。

[关键词]　国家级绿色矿山;建设规划;大厂矿区

[Abstract]　National green mining is the optimal solution for sustainable development of mineral resources, and constructing green mines is a brand-new challenge for the mining industry. In this paper, we summarized the conditions and the existing problems of the DaChang Mines, proposed the objective and principle of construction planning for the green mines, discussed four main tasks, including resource utilization, technological innovation and cleanproduction, ecological construction and environmental conservation, mining enterprise culture construction and the harmonious development of community, and provided a new thought for planning and constructing green mines in China.

[Keywords]　Green Mines; Construction Planning; Dachang Mines

[文章编号]　2016-71-P-106

引言

近年来,绿色矿山被认为是解决矿山可持续发展的最佳途径,是一种全新的矿山发展模式。以保护生态环境、降低资源消耗、追求可循环经济为目标,将绿色生态理念与实践贯穿于矿产资源开发利用的全过程,体现了对自然原生态的尊重、对矿产资源的珍惜、对景观生态的保护与重建,它着力于按科学、低耗和高效合理开发利用矿产资源,并尽量减少资源储量的消耗,降低开采承办,实现资源效能的最佳化。

绿色矿山建设规划是以合理开发利用矿产资源、保护矿山生态环境、促进矿地和谐为根本目标,根据区域或企业矿产资源特点,对绿色矿建山建设的总体目标、具体任务、重大工程和保障措施等在空间和时间上所做的总体设计和安排。

本文以广西华锡集团大厂矿区国家绿色矿山建设规划为案例,分析了大厂矿区现有建设条件,提出了建设规划目标,并尝试探讨了主要规划任务,以期为同类的国家绿色矿山建设提供科学参考。

一、大厂矿区建设条件

大厂矿区地质条件较好,在不足80km²范围内,已探明特大型、大型和中型锡多金属矿床(体)14个,包括世界罕见的100号、105号两个特大型特富锡多金属矿床。多种矿产集中产出,不仅有锡、铅、

锌、铺、鹤等有色金属,且伴有大量稀贵金属银、铟、镉、镓等。大厂锡多金属矿田位于桂西北的南丹-河池成矿带的中段,矿产资源丰富,是我国重要的有色金属产地。2000年大厂矿田产出的锡、铺、铅、锌、银五种金属精矿总量占全国五种金属精矿总产量的6.5%,是我国有色金属矿山企业的支柱,矿田内锡、铺、铟等金属资源对全国乃至世界市场都有重要影响。

二、国家绿色矿山建设目标

1.总体规划目标

遵照国家绿色矿山建设的9条标准,达到国家级绿色矿山标准。

2.近期规划目标

在资源开发与综合利用、科技创新与节能减排、生态保护和环境恢复治理和企业文化建设和社区和谐等方面,达到表1的规划指标。

三、国家绿色矿山建设基本原则

(1)因地制宜,协调发展

结合自身发展,分析资源开发、环境保护、社区发展等问题,提出可操作性的措施。

(2)突出重点,把握特色

在重点领域开展专题研究,对已采取的先进技术、方法、手段及时总结,构建体现自身特色的绿色矿山发展模式。

(3)合理规划,注重实施

依据国家绿色矿山建设的基本条件及行业标准,制定切实可行的发展目标。通过重点工程建设项目,将规划指标落到实处,保证规划指标的顺利完成。

(4)承上启下,有效衔接

严格执行上级规划部署的任务和目标,做好国家绿色矿山建设规划与当地国民经济和社会发展规划、土地利用总体规划、矿产资源规划等衔接,做好统筹协调工作。

(5)公众参与,集思广益

积极宣传绿色矿山发展理念,鼓励矿山职工为绿色矿山规划建言献策。注重专家咨询和公众参与,增强规划编制的公开性,提高规划透明度和科学决策水平。

四、国家绿色矿山建设主要规划任务

1.矿山资源高效开发与合理利用

(1)矿山资源开发合理布局

根据地形条件,按照生产方式规模化和集约化的要求,统筹细脉带、91号、92号三大矿体的合理开采布局,确保车河和长坡两条生产线持续生产。

根据开采现状,重点规划92号矿体四、六盘区

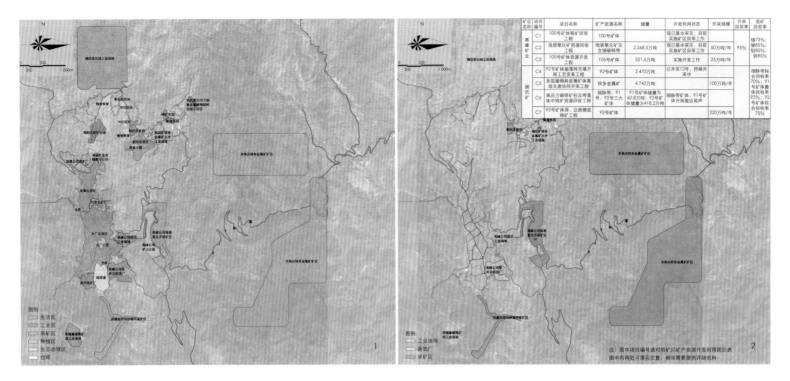

1.绿色矿山建设现状图
2.绿色矿山资源利用规划图

表1　　　　　　　　　　　　　　　　　　　　大厂矿区绿色矿山规划指标

指标因素	序号	考核指标	规划指标	现状指标
资源开发与综合利用	1	矿产资源开发利用率	100%	98%
	2	采矿贫化率	≤12%	—
	3	开采回采率	96%	95%
	4	选矿回收率	提高5—8%	锡70%，锌83%，铅83%，锑80%
	5	废弃资源回收利用率	93%	90%
	6	吨耗资源经济效益	≤5元/吨	—
科技创新与节能减排	1	技术创新投资资金标准	不低于矿山企业总产值的1%	达标
	2	生产设备先进度	—	—
	3	"三同时"制度执行率	保证建设项目中防治污染的设施，与主体工程同时设计、同时施工、同时投产使用	基本达标
	4	清洁能源利用率	—	—
	5	水资源循环利用率	100%	—
生态保护与环境恢复治理	1	废水排放标准	废水排放达到《污水综合排放标准》（GB8978—1996）	
	2	"三废"处理率	100%	—
	3	固体废弃物处置率	100%	—
	4	土地复垦率	依矿山环境与治理恢复方案进行复绿治理	边开采边治理
	5	矿区范围内可绿化区域绿化覆盖率	92%	
	6	地质灾害治理率	100%	—
	7	环境保护投入资金占总投资比重	按省、市有关规定，按时足额交纳矿山自然生态环境治理备用金	按规定足额交纳
企业文化建设与社区和谐	1	安全生产培训次数	安全生产培训人次达到100%，强化职工的技术培训和再教育，为建设绿色矿山提供技术和人员保障	2011年水电厂内部安全培训覆盖率100%，组织员工外出培训76人
	2	百万工时事故率	百万工时事故率达到1.5，消除安全隐患全年无重大安全事故	
	3	企地共建项目数量	带动地方经济发展，改善民生，达到企地沟通畅通、和谐共生的目的	
	4	社区发展投入占企业受益比例	加大对社区发展的投资力度，改善居民生活水平，实现矿区稳定发展	
	5	企业管理制度	健全完善，认真执行，年报等资料真实、完整	

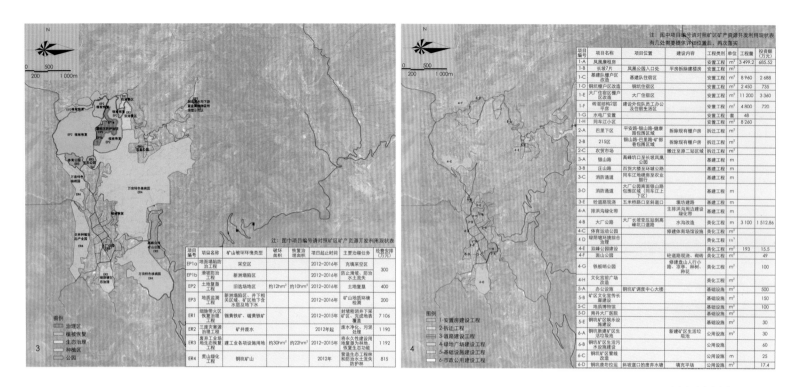

3.绿色矿山生态建设规划
4.绿色矿山和谐社区规划图

的高效规模化低扰动，实现崩落法转充填法开采无缝衔接，有效保护上部建筑物的安全。

（2）资源集约节约利用

有计划地整合矿区范围内及周边矿山，通过矿业权的合理流转及必要的法律和行政手段，促进矿产资源的整合和优化配置，提高资源利用效率。

按照铜坑规模化和集约化的开采要求，创新机械化出矿的低贫损放矿底部结构，重新合理调整92号矿体的开采布局，提高92号矿体整体回收率5～8%，提高资源回收到80%以上，控制贫化率在12%以下，达到国内同类型矿山领先水平。

2. 科技创新和节能减排

（1）科技创新

①崩落型矿山地表塌陷区尾矿膏体处置技术

针对矿山地表塌陷区治理，开展全尾砂膏体渗透性、胶结性、流动性与抗剪性、充填临界质量分数等研究；开展塌陷区混合充填物处置技术、工艺流程等研究；实施塌陷区一充填体的系统稳定性监测。

②崩落—充填转型矿山全尾砂结构流胶结充填关键技术

开展铜坑矿崩落-充填转型矿山全尾砂结构流胶结充填关键技术研究，研发崩落—充填转型矿山全尾砂结构流充填关键技术、工艺与装备，研发低成本充填胶结剂。

③冒落区厚大残矿体原地碎裂崩落采矿关键技术

重点开展冒落区厚大残矿体原地碎裂崩落采矿方法、冒落区高大崩落体放矿、大直径束状炮孔定向切割碎裂爆破技术等研究。减少冒落区破碎矿体中采掘工程施工量，采用原地碎裂爆破方法进一步破碎矿体，在放矿过程中，使碎裂矿体自然崩落，同时控制放矿过程中冒落废石的混入，提高矿石的回收率。

④深部缓倾斜薄矿体集中化高效开采关键技术与装备

针对矿山大型缓倾斜、低品位薄矿体的地质特征，研发和应用低矮式高效凿岩台车，优化凿岩台车、铲运机等多种机械设备的配套使用，提高大型缓倾斜薄矿体机械化作业程度，实现集中化、规模化的安全高效开采。

⑤矿区大范围岩移采动监测监控系统研发

针对92号矿体大范围开采和锌多金属矿大面积多层重复采岩的复杂情况，研究多层矿体重复开采下岩层移动影响范围。开展矿山井下、巷道等关键地质体的超前预测，建立矿区范围岩移观测GPS工程测量控制网，布设岩移观测线和观测站，提出合理的监测制度；研发矿山岩移在线监控预警技术，提出矿山地压与岩移监控预警指标；提出矿山岩层移动控制方案和安全控制技术。

⑥深井岩爆预警与热害环境监控技术

开展铜坑矿深井开采岩爆特征与规律研究和监控预警与灾害控制技术研究；分析巷道围岩调热圈参数与风流性质的匹配关系，掌握风流作用下巷道围岩调热圈参数分布规律，采用深井制冷降温和风源净化技术及装备、深井高效运输提升系统及节能环保技术。

（2）节能减排

①工艺设备节能

加大生产工艺系统改造，实现节能降耗。包括：对2#盲斜井电控系统改造，改造后提升能力增加10%，提升单耗下降20%/年；对1#、2#索道装矿站进行自动化改造，实现索道自动化运行，每年节电100万度；对空压机变频系统改造，每年节电70万度；将破碎系统改为高效液压破碎机，使破碎能力提高10%，能耗降低20%；对局部通风系统改造，每年节电约45万度；对供排水系统改造，将井下酸性水经简单处理后达到井下回用水质标准，实现水资源内循环利用示范，每年可减少157万吨排出地面，每年减少排水用电量362万度，同时实现水泵自动化远程控制。

引进高效节能机械设备。包括：引进全液压

TD100Y潜孔钻机取代YQ-100B钻机，提高凿岩效率；引进YYT-26全液压掘进凿岩台车，克服粉尘浓、噪音大等问题，提高凿岩效率，减少作业人员；引进先进喷浆机械设备和台车-树脂锚杆注浆机，解决破碎区开采难题。

②废弃物减排

a.铜坑矿废水处理和雨污分离减排工程

以重金属污染水源为研究对象，利用综合物理沉淀、单向膜过滤、化学钝化及生物净化等技术手段，建设铜坑矿矿坑废水处理和雨污分离减排工程，实现污水的重金属离子分离和无害化处置。

b.铜坑矿废气综合治理

铜坑矿废气包括塌陷区火区自燃产生、含有少量SO_2的烟气和风井通风排放的污浊空气。

塌陷区通过井下密闭、地表覆盖的方法控制火区的燃烧条件，对地表塌陷坑冒烟口喷射石灰水，降低有害气体的排出浓度。

利用在风井出风口安装碱液喷淋吸收系统、雾状碱液拦截等手段，达到净化空气的效果。

c.固体废物

为井下掘进产生的废石。大部分在井下移至采空区充填，少量通过竖井提升至地面废石临时堆放场。

通过复建全尾矿充填系统，完善井下排废系统，研究和建设膏体制备站，实现塌陷区复合治理，实现固体废物零排施，为后续生态恢复提供基础保障。

3. 矿山生态建设与环境恢复治理

严格按照上位规划的要求，做到"边生产、边复垦"。对主要复垦目标进行复垦，至2016年，矿区复垦面积占可复垦面积的90%。同时，在已取得成果的基础上，实施封山育林、退耕还林、水土治理、珍稀花卉种植、特种动物保护、地下矿洞维护等6大工程，使矿区绿化率达到92%。

（1）细脉带火区恢复治理

对塌陷区的治理，主要采用硐室爆破、机械铲土覆盖、烟气治理、塌陷控制、滑坡治理、稳定监测、周边防护、井下密闭等措施。

对细脉带进行闭坑治理，对塌陷区复合体处置进行分步治理。先进行膏体综合处置技术研究和周边种草试验，为后期复垦和生态恢复提供技术支撑。

（2）矿区周边环境复垦及生态恢复

除了细脉带地表塌陷区外，铜坑矿主要土地破坏区包括五米桥一井巷南面旧民选矿区、五米桥一28#风机站一6#溜井堆矿区、原充填车间一再生资源分公司选厂及旧民选厂区、原细泥车间一大树脚废石堆放场。主要为被压占破坏和尾砂污染。

以土地复垦学、生态学和生态工程学理论为指导，建立适合大厂矿区的土地复垦工程技术体系。对堆放的尾矿进行清理、铲土覆盖和平整，要求回填土厚度不低于10cm。撒播草籽，挖坑栽植乔木、灌木，恢复为生态景观园林。同时成立矿区生态复垦绿化队，对树苗定期施肥护理，使矿区有效绿化面积达90%以上。

（3）铜坑矿的工业场区综合整治

工业场区主要有碎矿索道工业区、东副井工业场区、2#竖井工业场区、长坡竖井工业场区、斜坡道铲修工业场区和机关办公楼区。针对这些区域进行地面硬化，增设花圃草坪，其中长坡工业场区增设集水池、沉砂池、降尘管道铺设，对堆矿场增加挡土设施。

4. 国家绿色矿山企业文化建设与社区和谐发展

（1）国家绿色矿山企业文化建设

加强国家绿色矿山建设宣传，将绿色矿业的理念贯穿于矿山日常生产的全过程；开展培训、学习，提高员工建设绿色矿山的意识，落实"建设"工作责任制，齐抓共管；完善企业管理制度和安全条例，对员工进行现代企业制度、新的管理理念教育；定期开展培训教育，增强员工专业技能水平；为员工征订报纸、书籍等，活跃员工的业余文化生活，提高员工综合素质；设立宣传栏、板报、荣誉室等，在醒目的地方设置LED显示屏，为职工提供便捷安全信息；添置配套齐全的文化宫、博物馆、图书馆等文娱设施。

（2）国家绿色矿山社区和谐发展

规划分区布局生活区和生产区，减少生产过程中的污染和转运过程中的粉尘与噪音。在矿区安置一线工人，在县城安置工人家属。

利用自身优势，加大对周边村庄的扶持力度，协助周边村庄搞好基础设施的更新建设，并支持当地教育事业的发展；适时建设企地共建工程，满足当地群众的实际需要，实现企业与地方经济社会协调发展。

五、结语

国家绿色矿山就是将先进的采矿装备、先进创新的科学技术、先进的现代管理理念和绿色矿业的概念融合，是在新形势下对矿产资源管理工作和矿业发展道路的全新思维，是贯彻落实科学发展观，全面、协调、可持续发展的具体体现。因此，建设国家绿色矿山是一项庞大而复杂的系统工程，是一项长期性战略任务，矿山企业必须按照国家绿色矿山建设的基本条件全面规划，根据自身特点明确建设规划目标和重点规划领域，有效推进绿色矿山建设各项工作，方可为保护资源、保护环境、促进地方经济发展和维护群众利益做出贡献。

参考文献

[1] 刘军, 刘丽涵, 吴海娟. 关于建设绿色矿山实现资源可持续发展的论述[J]. 黑龙江环境通报, 2006, 30 (2)：9-10.

[2] 黄敬军. 论绿色矿山的建设[J]. 金属矿山, 2009, 394 (4)：7-10.

[3] 王素萍. 关于绿色矿山建设规划编制的探讨[J]. 中国国土资源经济, 2012.2.

[4] 蒋波, 黄敬军, 谢卫炜, 等. 金坛盐矿绿色矿山建设规划研究[J]. 中国矿业, 2013, 22 (4).

作者简介

高　萍，上海同济城市规划设计研究院城市交通与地下空间规划设计所，规划师；

李东坡，上海同济城市规划设计研究院城市交通与地下空间规划设计所，规划师；

童自信，上海同济城市规划设计研究院城市交通与地下空间规划设计所，规划师。

云南墨江哈尼文化集中展示区概念规划
The Concept Planning of Hani Cultural showcase Area in Mojiang

廖 英 廖昌启
Liao Ying Liao Changqi

[摘　要]　本文以云南墨江哈尼文化集中展示区概念规划为例，探讨了城市化进程中民族文化传承与发展的思路与方法，重点阐述了墨江哈尼文化集中展示区概念规划的规划思路和规划要点。

[关键词]　民族文化；哈尼文化；文化传承；文化发展

[Abstract]　This paper takes the concept planning of Hani cultural showcase area in MOJIANG, as an example to explore methods of ethnic cultural heritage and development in urbanization process, and then discusses the concept planning methods of Hani cultural showcase area through this case.

[Keywords]　Ethnic Cultural; Hani Cultural; Cultural Heritage; Cultural Development

[文章编号]　2016-71-P-110

1.规划总平面图
2.日景鸟瞰图

一、引言

民族文化的传承与发展，是我国城市化进程中的一项重要工作，对于民族文化的态度不仅是固有形制和传统工艺的保护和沿袭，而是推动民族文化在城市化进程中焕发青春与活力。

本文以墨江哈尼文化集中展示区概念规划为例，结合所在场所的地域特色和城市动态空间发展的特点，把区域优势、地域特色、文化特征相融合，探讨如何通过合理的规划设计，搭建活态演绎哈尼文化和原生态聚落体验集为一体的大舞台，以推动哈尼文化及民族文化的传承及发展。

二、项目背景

墨江哈尼文化集中展示区位于墨江县城联珠主城区南端的落竜坝子，东西北边界至落竜坝子山体，南界抵昆曼国际高速公路，自然环境优越，交通便利，总用地面积78.39hm²。

随着昆曼国际高速公路中国段的全线贯通及泛亚铁路的规划建设，中国和东南亚国家的贸易来往日趋密切，墨江县面临前所未有的发展机遇，而墨江哈尼文化资源丰富，历史悠久、底蕴深厚，其文化的传承与发展具有独特鲜明的资源优势。

结合云南省省委、省政府提出的"要把云南建设成为民族文化强省"的思路，墨江县委、县政府提出"把墨江建设成为特色鲜明的哈尼文化展示中心"

的战略目标。依托项目地区位条件，规划整合项目地山林、村寨、梯田及哈尼族各种文化资源等为一体，把整个项目区打造为一个人文景观与自然景观相融合，集旅游观光、文艺表演、住宿、餐饮、娱乐、购物等为一体哈尼文化集中体验区。未来本项目将成为云南省新时代的文化驿站，更是拓展国际的昆曼黄金旅游线上的一颗璀璨明珠。

三、优势提炼

1.提炼哈尼文化的核心价值

墨江作为全国唯一的哈尼族自治县，县内分布着哈尼族12个支系中的9个，是以县为单位人口最集中，资源、语言最丰富的哈尼族聚集地。这里既容纳了中原文化的先进思想，又保留了完整的哈尼文化体系。并且墨江县还位于北回归线上，特殊的地理条件，造就了生物物种的多样性和独特性。

我们分别从地域特征、民俗风情、宗教祭祀、诗歌传说、生态理念、家园特征等方面全方位的对哈尼文化进行梳理，提炼出哈尼文化的六大特征即灿烂的迁徙文化、蔚然壮观的梯田文化、开辟植茶之始的茶道文化、足迹踏遍东南亚的马帮文化、异彩纷呈的民俗文化和风格古拙的哈尼神话。

2.凸显基地的山水特质

哈尼族创造了举世闻名的梯田文化——"半山稻作的最高典范"，从而成为山区农业文明的代表性

民族。因此，与文化相依存的自然山水基质的独特性也是文化传承不可或缺的重要因素。

本项目基地总体地形趋势西北高东南低，最高海拔1 434.15m，最低海拔1 292.14m。整体形成平坦农田（河谷）、台地梯田和高山密林三层地貌结构，层次结构感强，符合表达哈尼族迁徙文化、梯田文化、茶道文化所需的"高山丘陵、梯田河谷"的典型特征。国道213线（哈尼大道）穿过地块，成为高山丘陵区与平坦河谷地带的分界。规划提出明确对其"林—寨—田"的地形地貌和生态环境特色进行合理保护和利用，使之成为承载哈尼族文化的自然基质。

四、规划目标

在哈尼文化核心价值研究的基础上，通过哈尼文化场所合理构建，将哈尼文化集中展示区建设成为国际知名的哈尼文化集中体验区、北回归线上著名的文化旅游节点、昆曼国际大通道上的重要休憩驿站。

五、规划设计与策略

1.特色景观的打造

规划强化基地"原生态"和"人工"两种景观的打造，"原生态"是将内部的竜林、村寨、梯田、水库、溪水等进行融合，营造具有浓郁自然风光的原生态聚落。

人工景观重点是面向昆曼国际高速公路形成以

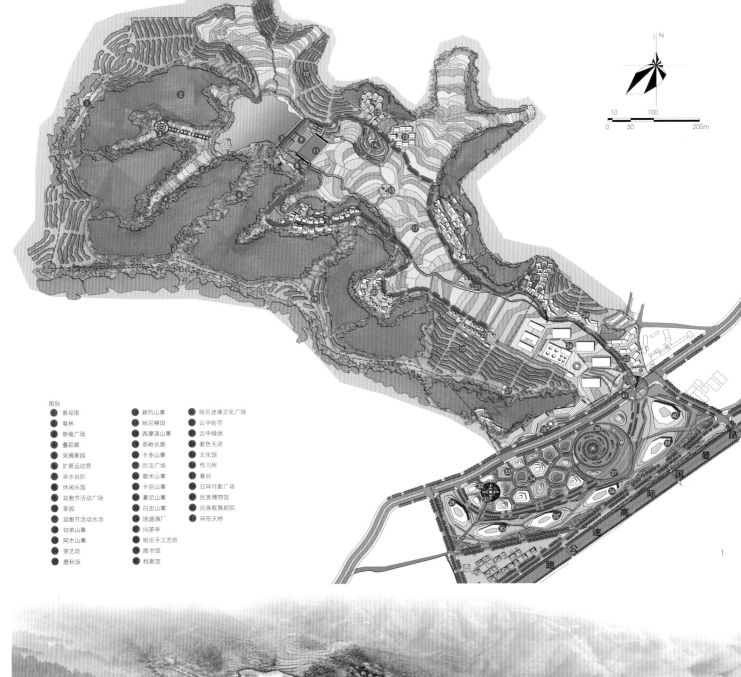

图例
1 景观塔
2 竜林
3 祭竜广场
4 叠彩廊
5 采摘果园
6 扩展运动营
7 亲水台阶
8 休闲乐园
9 双胞节活动广场
10 茶园
11 双胞节活动水池
12 切弟山寨
13 阿木山寨
14 茶艺坊
15 磨秋场

16 碧约山寨
17 哈尼梯田
18 西摩洛山寨
19 茶岭长廊
20 卡多山寨
21 历法广场
22 腊米山寨
23 卡别山寨
24 叠宏山寨
25 白宏山寨
26 地道酒厂
27 问茶亭
28 哈尼手工艺坊
29 图书馆
30 档案馆

31 哈尼迷境文化广场
32 云中街市
33 云中绿洲
34 紫色无语
35 文化馆
36 传习所
37 看台
38 日环月影广场
39 民族博物馆
40 民族歌舞剧院
41 环形天桥

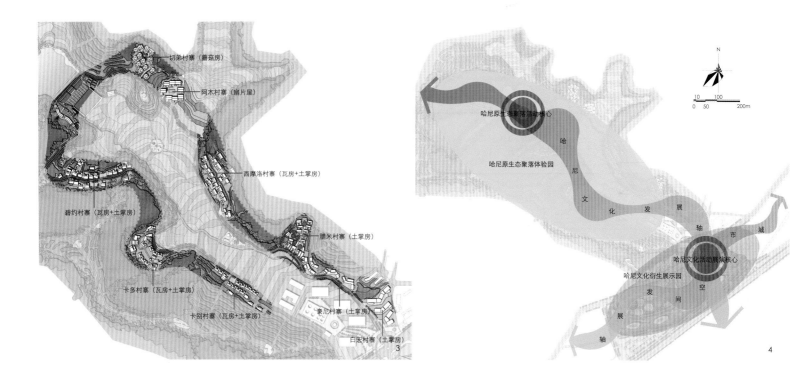

3.哈尼村寨分布图
4.规划结构图
5.阿木村寨效果图
6.西摩洛村寨效果图
7.哈尼文化衍生展示园效果图

民族博物馆、民族歌舞剧院、传习所、图书馆、文化馆、档案馆等六大公共建筑场馆形成的第一形象景观，并结合现有酒厂烟囱的改造形成片区的重要景观标志。

2. 文化主题的构建

结合基地的山水特质、哈尼文化特色及哈尼品牌的塑造，构建"三大特色文化主题"。

（1）敲响通向天堂的阶梯

结合哈尼族灿烂的迁徙文化、蔚然壮观的梯田文化、开辟种茶之始的茶道文化、异彩纷呈的民俗文化——祭祀文化中的竜林，共同搭建通向文化天堂的阶梯，充分体验哈尼族人对自然的改造之力、崇拜之心。

规划顺着哈尼族由北向南的迁徙路线来构建片区功能。北侧是由祭竜广场所统领的竜林，祭竜广场为哈尼三大节日之一的"祭竜节"提供了重要的活动场所，同时也让游客充分了解哈尼的文化内涵。竜林是哈尼村寨的水源林，通过对基地外围现有林地的生态修复，将基地外围的林地建设成为哈尼村寨的竜林，实现水土保护，并形成基地的自然屏障。同时，竜林为整个规划区提供了良好的绿化景观环境。

与竜林平行设置的是讲述开辟种茶之始的茶道文化展示区，该区将打造成集中展现哈尼族种茶饮茶的茶文化基地，以展现哈尼族一整套从开辟茶园、选择茶种、培育茶苗、茶园管理、采摘揉制、烹茶饮茶，直至以茶祭神的茶道体系……

在竜林与茶文化区之下，半山之中盘延而上的是农耕天梯体验区，重点展现哈尼族举世闻名的梯田文化，使人们充分了解这"半山稻作的最高典范"的耕种过程。

（2）隐匿深山的缤纷族人

哈尼族长久以来隐居于深山之中，各支系既有相同的文化特征，又有不同的生活习俗等，真可谓秘境之中有人家，在这繁衍生息之地，塑造了隐匿深山的缤纷族人。

规划借用哈尼族"诺玛阿美"的美丽传说，引入具有独特民俗文化韵味的高端度假酒店，结合墨江县内的9个哈尼族支系，打造9个原生态的精品村寨，每个村寨结合支系的建筑特色，形成不同的空间效果。

切弟村寨的建筑形式为蘑菇房、阿木村寨为扇片房、腊米村寨为土掌房、西摩洛村寨为瓦房+土掌房……通过不同村寨打造，再现隐匿深山缤纷族人的特有建筑形象，在充分挖掘各支系村寨的文化要素、非物质文化的基础上，形成浓郁地域和哈尼文化特色

的村寨空间。

在9个支系村寨围合的中心区域，规划设置1处以哈尼族特有的民族体育活动荡秋千为主题的广场，名为"磨秋场"。在哈尼的传统文化中，"磨秋"具有求拜"福祖"保佑康泰的作用，"荡秋"具有拜求"福祖"赐给吉祥，赐给美满姻缘的作用，"转秋"具有拜求"福祖"赐给俊美的作用。通过哈尼村寨及磨秋场的建设，展现哈尼族的特殊文化。

（3）北回归线上欢腾的盛宴

由于北回归线穿城而过，墨江又称为"太阳转身的地方"，规划结合这一特点，将哈尼文化传承与发展的6大场馆及传统手工艺坊进行集中建设，形成一个哈尼文化共融的区域。

哈尼文化的传承不仅是延续，更是赋予其新生命的演绎，规划在入口处搭建原生态实景作为哈尼文化展演的舞台，以抽象的高山梯田式建筑、山体、水体、搭配点缀其中的紫色系植物，描绘出哈尼高山梯田迷象环生、生生不息的胜景，通过"日环月影广场"展现逐日民族的文化特色，传承并活化风格古拙哈尼神话。

在涟漪河畔，沿昆曼国际高速公路一侧分布着哈尼族文化展示带，其是中国墨江哈尼文化交响曲的主旋律：他们分别是民族博物馆、民族歌舞剧院、传

习所、图书馆、文化馆、档案馆，这一院一所四馆，六大公共建筑场馆形成本项目乃至面向国际的第一形象标识，共荣于中国哈尼传统文化遗产的前沿，共同撑起中国墨江哈尼文化建设的一方新天地。

3. 特殊活动的引入

在依托竜林、村寨、梯田、茶田等自然景观的基础上，结合村寨酒店、茶田采摘、梯田种植等休闲体验活动，并融入哈尼传统节庆活动形成丰富的旅游项目，在对外展示的同时传承了哈尼原生态文化。

哈尼族一年中的节庆较多，其中祭竜节（夫卯兔）、苦扎扎（六月节）、十月年（米索扎）较为隆重，是哈尼族三大传统节日。除上述三大节日外，哈尼族由于支系繁多，各支系还有许许多多的节日与相应的活动，规划将这些富有特色的活动融入相应的9个村寨之中，在观光体验的同时感受淳朴的哈尼文化。

六、结语

任何一种文化都有其内在的发展规律和生命轨迹，云南少数民族的聚集，其文化具有多样性和整体性，受自然因素和社会因素的影响，民族文化在发展过程中呈现出强大的生命力。

由于各民族的文化存在差异，其需要传承和发扬的文化精髓、创新发展的侧重点也各不相同，因此，需要全面系统梳理其文化特色，抓住其具有核心感染力，以及能代表其文化典型的方面进行有序的原型塑造，才能抓住其内在的文化逻辑性和功能合理性。

作者简介

廖　英，昆明市规划设计研究院，规划师；
廖昌启，昆明市规划设计研究院，国家注册规划师。

5

6

7

中西部小城镇结合现代农业园发展初探
——以新疆新能源与现代农业园总体发展规划为例

The Combination Development of Modern Agriculture Park and Midwest Small Cities and Towns
—Xinjiang New Energy and Modern Agriculture Park Master Development Planning

郑 纲 耿慧志 王建华 周 华 赵鹏程 邢 箋
Zheng Gang Geng Huizhi Wang Jianhua Zhou Hua Zhao Pengcheng Xing Jian

[摘　要]　依托现代农业园建设小城镇可以促进产业联动、产城融合，是中西部城镇化的有效路径之一。本文通过新疆新能源与现代农业园、乌拉泊社区、红卫湖商务区结合发展的规划案例分析，认为多学科协作、生态优先、农业用地的复合使用、特色挖掘与彰显是小城镇与现代农业园结合发展的要点。

[关键词]　中西部；小城镇；现代农业园

[Abstract]　It will promote industrial linkage and integration of the towns and industry by relying on the modern agricultural park to constructsmall cities and towns. It is one of the effective urbanization ways of the middle and west areas in China. This paper focus on the combined planning case analysis of Xinjiang New Energy and Modern Agriculture Park, Wulabo Community and Hongwei Lake Business District. It considers that the key points of combined developing of small towns and modern agricultural park construction includes multidisciplinary collaboration, ecological priority, complex of agricultural land use, mining and highlight the characteristics.

[Keywords]　The Middle and West Areas in China; Small Cities and Towns; Modern Agricultural Park

[文章编号]　2015-71-P-114

図例 (图例)

R2	二类居住用地
R3	三类居住用地
A1	行政办公用地
A21	图书展览用地
A22	文化活动用地
A33	中小学用地
A4	体育用地
A5	医疗卫生用地
B1	商业用地
B29	其它商务用地
M1	一类工业用地
M2	二类工业用地
M3	三类工业用地
S9	其它交通设施用地
U12	供电用地
U22	环卫用地
G1	公园绿地
H12	镇建设用地
H14	村庄建设用地
H3	区域公用设施用地（殡葬用地）
H41	军事用地
H5	采矿用地
E1	水域
E2	农林用地（耕地）
E2	农林用地（林地）
E2	农林用地（设施农用地）
E9	其它非建设用地

—— 水源保护区范围线
---- 规划范围线

2
3

1.核心区鸟瞰效果图
2.土地使用现状图
3.功能分区规划图

一、引子

2014年3月5日，李克强总理在十二届全国人民代表大会上提出：今后一个时期，着重解决好现有"三个1亿人"问题，促进约1亿农业转移人口落户城镇，改造约1亿人居住的城镇棚户区和城中村，引导约1亿人在中西部地区就近城镇化。

其中"引导1亿人在中西部地区就近城镇化"指明了以建设小城镇为主的中西部城镇化发展路径。对于土地辽阔的中西部地区，城镇化面临着人文素质不高、工业基础薄弱、市场机制不足等困难，城镇化数量和质量难以提高。然而，中西部地区往往是能源和特色农产品等资源丰富的区域，因此特色资源的挖掘与开发应成为中西部小城镇建设的重要手段，其中与现代农业园结合不失为一种可尝试的发展方向。

二、理论初探

现代农业园与城镇结合发展，就是指在新型城镇化发展的思路带动下，以现代农业园为载体，以现代农业和相关优势产业集群为依托，吸收农业劳动力就业，促进和加快关联产业的发展，进而带动城镇建设。

传统农业技术水平低、物资装备落后、劳动生产率低，只能维持生产者的基本生存需求，对其他产业的带动力和城镇建设发展的推动作用较小。现代农业则需要更专业分工、更高的技术水平和管理水平、以及更为市场化的商贸流通水平，因此具有较高的劳动生产率和商品率。现代农业的发展还具有"接二连三"的功能，对其他产业的带动性较强。相对于第一产业而言，二、三产业具有更高的就业带动力和劳动生产率，能够更快、更好地促进城镇发展建设。

1. 一、二产业联动发展

现代农业对第二产业的带动，最直接的是农副产品加工产业，可充分发挥中西部地区的山珍、瓜果等山地、高原农产品特色；在较发达地区还可以农用机械作为重点发展的工业类型；另外，利用光照、风力等资源的新能源生产可以与农业种植、畜牧、养殖等实现用地共享，提高农业用地的使用效率。我国光照资源最丰富的地区主要分布在西藏、青海、甘肃、宁夏、新疆等地，陆地风力资源主要分布在内蒙、甘肃、新疆、青海、西藏及东北地区，相比沿海地区，中西部地区地势平坦、交通便利，更有利于建设大规模风电场。

2. 一、三产业联动发展

现代农业还能促进第三产业的发展。如农产品的商贸流通展销，中西部地区应凭借新丝绸之路的发展契机，扩大农产品国内和国际贸易；在临近大城市的人才资源丰富地区，可依托农业发展农业技术和设备研发，以及农业相关的金融、营销、培训、人力等商务服务业；另一类则是由现代农业衍生的农业旅游，包括各类农业观光、农事体验、文体娱乐以及健康养生等。当前农业休闲和体验旅游已成为一大趋势，随着中西部交通条件的改善，中西部地区旅游产业将持续升温。

小城镇结合现代农业园发展的关键，就是以现代农业带动二、三产业的发展，以二、三产业发展促使人口的集聚，以人口集聚推动小城镇的建设，以小城镇建设引导产业进一步升级；由此构建良性循环的生长机制，使农业与二、三产业组成良好的协作体系，使园区与小城镇形成产城融合、互相促进的有机体。

三、项目实践

本文选取"新疆新能源与现代农业园"为例，在园区总体发展规划中，将乌拉泊社区、红卫湖商务区纳入规划研究范围，统筹考虑生态保护、农业生产、新能源生产、小城镇建设、片区特色营造等关键问题，通过多元功能导入，是园区与小城镇融合发展，形成一座"智慧新能园、西域生态城"。目前，规划的大田农业、设施农业、风电场、风电博物馆等项目正在积极筹建中。

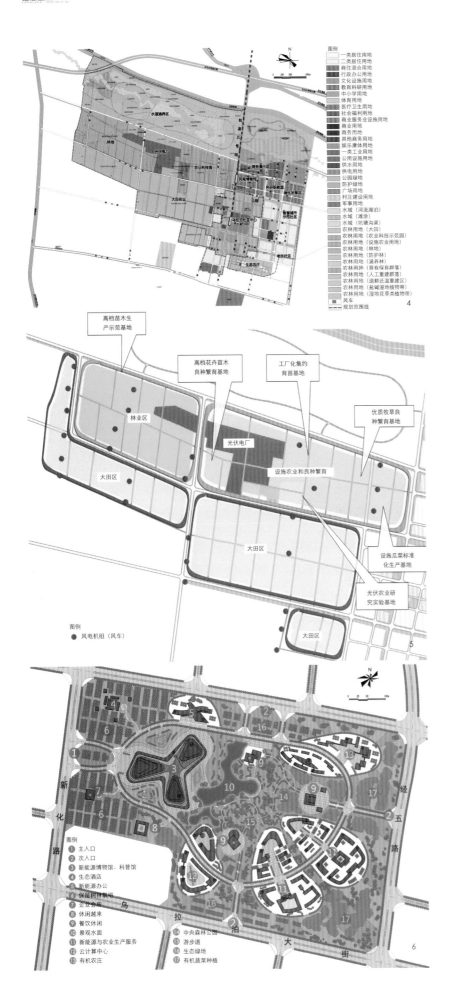

图例
一类居住用地
二类居住用地
商住混合用地
行政办公用地
文化设施用地
教育科研用地
中小学用地
体育用地
医疗卫生用地
社会福利设施用地
商业服务业设施用地
商业用地
商务用地
其他商务用地
娱乐康体用地
一类工业用地
公用设施用地
供电用地
公园绿地
防护绿地
广场用地
村庄建设用地
军事用地
水域（河流湖泊）
水域（滩涂）
水域（坑塘沟渠）
农林用地（大田）
农林用地（农业科技示范园）
农林用地（设施农业用地）
农林用地（林地）
农林用地（防护林）
农林用地（涵养林）
农林用地（原有保留群落）
农林用地（人工重建群落）
农林用地（退耕还湿重建区）
农林用地（盐碱湿地植物带）
农林用地（湿地花草类植物带）
风车
规划范围线

4

高档苗木生产示范基地
高档花卉苗木良种繁育基地
工厂化集约育苗基地
林业区
优质牧草良种繁育基地
大田区
光伏电厂
大田区
设施农业和良种繁育
设施瓜菜标准化生产基地
大田区
光伏农业研究实验基地

图例
风电机组（风车）

5

图例
① 主入口
② 次入口
③ 新能源博物馆、科普馆
④ 生态酒店
⑤ 新能源办公
⑥ 保留树林飘带
⑦ 企业会所
⑧ 休闲越来
⑨ 餐饮休闲
⑩ 景观水面
⑪ 新能源与农业生产服务
⑫ 云计算中心
⑬ 有机农庄
⑭ 中央森林公园
⑮ 游步道
⑯ 生态绿地
⑰ 有机蔬菜种植

6

1. 项目背景

《新疆新能源与现代农业园总体发展规划》项目位于乌鲁木齐市区与达坂城城区之间的交通轴线和沟谷地带，距乌鲁木齐中心城区30km，吐乌大高速公路、314国道和兰新铁路从北侧经过，103省道从西侧经过，规划中乌鲁木齐轨道交通5号线在此设置终点站，交通区位优势显著。规划范围22km²，研究范围29km²，现状以农田、牧草地、林地为主，且包含新疆化肥厂及其附属生活设施。除了发展现代农业外，本项目还面临3个限定要求：

（1）水源地保护的法规要求

规划范围内水资源丰富，西北部黑水沟为乌鲁木齐水源一级保护区，占地7km²；研究范围大部分地区属于水源二级保护区。目前水源一级保护区内仍有较多农田、养殖场和牧草地等不符合要求的用地类型，水源二级保护区内的红卫湖为新疆化肥厂的污废水排放地，在黑水沟和红卫湖之间还有坟地、垃圾填埋场等设施。

由于国家、自治区有明确的法规规定，饮用水地表水源保护区内禁止使用剧毒和高残留农药，不得滥用化肥；一级保护区内禁止新建、扩建与供水设施和保护水源无关的建设项目，禁止从事种植、放养畜禽活动；二级保护区内禁止新建、改建、扩建排放污染物的建设项目。[1] 本项目须面临水源地保护和治理问题，开发建设与农业种养殖都受到较大制约。

（2）小城镇建设的上位规划要求

依据已批复的《乌鲁木齐达坂城区发展战略规划》（代总规），在现有新疆化肥厂搬迁的基础上原址新建占地5km²、容纳8.5万人的乌拉泊社区；依托红卫湖建设国际休闲商务区。并与规划范围以外的物流仓储用地、工业用地共同组成"建筑与物流产业园区"。因此，本项目须在水源保护的前提下，为产业园区进行生活和商务服务功能配套，形成功能复合的乌鲁木齐近郊小城镇。

（3）新能源特色导入的委托方要求

本项目的委托方是国内风电行业的龙头企业，应委托方要求，园区应结合农田进行风电的生产和展示。由于达坂城风区"位于东天山和博格达山南麓之间的谷地，是新疆南北疆气流的通道。达坂城地区年平均风功率密度达到329W/m²，有效风速小时为6 256小时，是新疆风能资源最丰富的地区之一"。[2] 本规划范围地处峡谷，具有极为丰富的风力资源，因此如何充分利用风力资源，将风电特色融入园区规划之中，是需要考虑的关键之一。

综上所述，本项目不是单纯的小城镇或农业园区规划，而是一个集水源保护、农业生产、城镇居住、商务服务、生态休闲、新能源生产与展示等要素的功能复合片区。

2. 发展策略

（1）通过水源地治理提升生态环境品质

以水源保护为重中之重。针对水源一级保护区，将现有垃圾填埋场、坟地、养殖场、农田等迁出，退耕还林、扩大涵养林，建立监测系统，提升水质，形成封闭式湿地公园。针对二级保护区，坚持发展有机农业，对土壤进行改造，确定禁用药物名单，进行安全生产。

并在整个研究范围内构建水循环系统，将红卫湖的一角改造为生态塘，通过人工湿地生态系统对污染物进行降解和转化，与污水厂共同完成污废水处理，处理后的中水可用于农田灌溉、生活杂用以及红卫湖水源补给。

（2）依托现代农业和新能源生产构建绿色产业体系

实现新能源生产与农业生产共存发展：按照400m×600m的间距要求布置27台风车，与田埂划分结合考虑，形成10万kW的风电场；结合农业科技园规划2万kW的光伏电厂，可进行光伏农业的生产与研发。

以大田与风车结合的独特景观作为基础，通过现代农业和新能源的主题引领，带动农业旅游、生态旅游、工业旅游、科技旅游发展，建设风电博物馆、智慧工厂、生态农庄、花海乐园、湿地公园等，丰富旅游内容。

依托红卫湖建设休闲商务区，重点发展新能源会展、科技研发、工业设计、职业教育、农业科技服务、环保技术服务等生产性服务业。

（3）结合小城镇建设强化园区主题特色

规划将乌拉泊社区、红卫湖商务区、国际物流园统筹布局，建设空间一体、设施共享、功能互补的产业新城，并对乌拉泊社区和红卫湖商务区进行深化设计，以生态居住、旅游服务、商务服务为主要功能，整合形成一个特色小城镇，并作为科技农业、新能源应用、生态保育的实践和教育基地。

引入智慧、生态等发展理念，通过项目策划、设施建设和技术引入，构建智慧水系统、智慧农业、智慧能源、智慧旅游、智慧社区等五大子系统，形成农业科技展示带和绿色交通环线，构建一个独立、可复制的智慧园区和生态园区模块。

通过与委托方和乌鲁木齐政府沟通，确定了4个重点争取的关键项目，在特色小城镇中预留发展用地，未来无论其中哪一个或几个项目落户本项目，都将成为本区的核心特色。4个关键项目包括：

①云计算中心：积极融入新疆"天山云"计算，利用本区的电力、水源、交通、人才优势，建设智能电网、旅游、物流和农业信息云中心。

②碳交易中心：借势乌鲁木齐碳交易市场的建立，结合本区及两侧山体发展碳汇林业，并设立碳交易中心。

③虚拟名校园：争取国内各大高校的农业和新能源专业在本区建立代表处和产学研一体化平台，成为一所虚拟大学。

④O2O电商体验中心：建议乌拉泊社区、红卫湖商务区结合国际物流园联手共建电子商务城。

3. 规划布局

基于以上发展策略，规划形成水源一级保护区、新能源与现代农业片区、特色小城镇三大片区，并通过打造一条空中观光轨道串连成一个整体。

（1）水源一级保护区

以生态涵养为主，通过治理措施，形成湿地植物群落保护区、湿地植物群落营造区、生态恢复重建区、盐碱湿地生态改良区、涵养林带、防护林带等六类生态功能区。

（2）新能源与现代农业片区

建设大田10 000亩，主要种植马铃薯、苜蓿、油葵等，形成大田景观；林业3 000亩，苗木种植为主；设施农业和良种繁育4 000亩，包括设施农业、花卉牧草良种繁育、光伏农业实验基地等。风电机组分散在农田之间，光伏电厂与设施农业结合。

（3）特色小城镇片区

结合红卫湖设置商务中心与科研职教园；结合金风科技的企业特色设置新能源博物馆；对关键项目进行用地预留；提供智慧城市示范社区、老年社区、生态农庄等多样化居住形式；结合轨道5号线站点设置公共服务中心；对化肥厂老厂房进行功能置换；设置高效集约的市政综合楼和市政综合园。在55hm²的核心区内，以风电博物馆为核心项目，融合了办公、研发、会议、商业、文娱等功能，以一条环路高效串联各功能组团，中间大片森林可供游憩。

四、小结

本项目是对小城镇结合现代农业园区发展的规划实践。在中西部经济背景、资源条件相似的地区中具有一定的代表性。本文通过对实证分析总结以下要点：

（1）多学科协作：小城镇与现代农业园结合发展，其顶层设计需要城市规划、产业研究、生态保护、项目运营等多专业、多学科协作完成。在本项目中，设计方在北京、上海、乌鲁木齐多次召开头脑风暴，邀请10多家单位的规划、建筑、新能源、农业、生态科技等领域专家共同参与，对项目的发展理念、产业体系的构建、项目的运营、生态技术等方面提出了很多有价值的建议，同时还形成了智慧园区、生态园区、旅游发展、特色小城镇、基础设施、大田农业、设施农业、水生态等8个专题研究报告。

（2）生态优先：中西部区域大多属于生态脆弱区，干旱、风沙、低温、水土流失、土地贫瘠等生态问题比较严重，必须将生态保护放在第一位，同时顺应生态农业、绿色农业的发展趋势，也有利于城镇和二、三产业发展，成为地区价值提升的关键要素。本项目通过水源地治理、水循环系统建设、生态农业种植，使生态条件从城镇建设的限制因素转变为旅游业、商务服务业发展的环境优势。

（3）农业用地的复合使用：传统农业用地使用效率低下，与小城镇结合发展可以促进农业用地的多功能使用，大幅提升农业用地的使用价值。本项目将风电场与耕地结合，将光伏电厂与设施农业结合，同时融入观光旅游、科技研发、教育培训等多种功能，使农业园区和小城镇成为有机结合的整体。

（4）特色挖掘与彰显：小城镇，尤其是中西部小城镇，往往发展资源有限，城镇化动力不足，只有形成鲜明的特色，才能在区域城镇体系中获得明确的角色定位，形成持续发展的动力。结合现代农业园区发展的小城镇可从生态环境、特色农产品、农业科技及相关产业等挖掘特色。如本项目主要以水生态、农业与新能源结合为特色，以此为主题建设一系列旅游和商务服务特色项目。

注释

[1]《饮用水水源保护区污染防治管理规定》。

[2]《新疆维吾尔自治区风能资源评价报告》。

作者简介

郑纲，上海同济城市规划设计研究院，主任规划师；

耿慧志，同济大学城市规划系，系副主任，教授，博导；

王建华，上海同济城市规划设计研究院，主任规划师，博士；

周华，上海同济城市规划设计研究院，规划师；

赵鹏程，上海现代建筑设计院；

邢箴，上海复旦规划建筑设计研究院，主任规划师。

4.土地使用规划图
5.新能源生产与现代农业结合示意图
6.核心区规划总平面图

他山之石
Voice from Abroad

强大的全球城市，优越的居住之地
——悉尼新一轮战略规划及启示

A Strong Global City, A Great Place to Live
—Comments and Enlightenment of the Latest Metropolitan Strategy for Sydney

程 亮
Cheng Liang

[摘　要]　近十年，澳大利亚主要城市的都市战略规划陆续制定，极具澳大利亚特色。作为澳大利亚唯一的全球性城市，最新一轮的都市区战略规划《为增长的悉尼规划：强大的全球城市，优越的居住之地》研究和构建了悉尼大都市区至2031年的空间规划框架，以应对面临的各种挑战。通过对这一规划的编制过程、政策重点和规划实施的概述，分析了其更加弹性的、整合的和以"关系"为核心的发展趋势，讨论了对中国大都市区空间规划的启示。

[关键词]　悉尼；都市区战略；全球；地方

[Abstract]　Abstract: In the last decade, metropolitan strategic plans in Australia's major cities have worked, and these plans are very characteristic Australia. As Australia's only global city, the latest Metropolitan Strategy for Sydney - "Planning for the growth of Sydney: A Strong Global City, A Great Place to Live " – builds up spatial planning framework of the Sydney metropolitan to the 2031 to meet the various challenges. By the overview of preparation process, policy priorities and implementation, the paper analyzes its core trends: more flexible, integrated, and 'relational', which would provide implications to Metropolitan Strategy of China in the future.

[Keywords]　Sydney; Metropolitan Strategy; Global; Local

[文章编号]　2016-71-C-118

1.悉尼区域范围
2.悉尼区域住房建设——现有城市地区和绿地地区
3.悉尼城市范围扩展：1917—2005
4.人口增长预测2011—2031
5.就业增长预测2011—2031

以提升城市竞争力为导向的战略规划兴起于对快速多变危机的应对，在20世纪80年代开始占据主导地位，在合理利用城市资源、加强规划决策参与和提升城市竞争力方面发挥积极作用，已经成为当代城市展望和管理的"思考模式"。在过去的二十年，战略空间规划已经成为澳大利亚规划中更加有效的组成部分，作为澳大利亚最大的和唯一的全球性城市，悉尼最新战略规划可以说反映了澳大利亚大都市规划的特征和最新趋势。国内已有的相关文献主要聚焦悉尼城市中心区规划、悉尼大都市建设用地的变化特征及其影响因素以及以悉尼、墨尔本和布里斯班为例对澳大利亚的城市体系、大都市的空间特色以及规划管理对策等方面。本文对新一轮的悉尼都市区战略[1]的规划编制、政策重点和实施行动进行介绍，结合相关文献，进一步总结其主要特征并讨论对我国规划的启示。

一、悉尼城市与规划背景

1.悉尼都市区规划回顾

悉尼都市区是澳大利亚统计署规定的悉尼统计大区（Greater Sydney SD），面积12 145km²，

2011年总人口为439万。[2]至2010年，悉尼都市区战略规划先后编制了七次（表1）。

悉尼第一个都市区规划是1948年《坎伯兰郡规划》，体现了1944年大伦敦规划所包含的理性综合的规划思想，1968年的"悉尼区域大纲规划"采取了歌本哈根式的指状走廊扩展模式，到20世纪80年代悉尼都市区规划采取了制定了向多单元住宅倾斜的政策机制，采取了紧凑发展的模式，限定较高的住房和人口密度。

90年代以来，新南威尔士州政府越来越多地对悉尼的城市增长进行管理。在环境质量、住房可支付性问题和奥运会申办成功等背景下，都市区战

表1　　　　　　　　　　　　　　悉尼都市区规划演进

规划及公布日期	规划期限	目标	特征
坎伯兰县规划（1948）	1948—1980	到1980年人口225万	理性主义——综合性；废弃的"贫民窟"；有秩序地生活地区开发；绿带
悉尼区域大纲规划（1968）	1970—2000	到2000年人口500万；到2000年分散50万；到2000年CBD50万就业	紧凑城市；公共交通走廊的可达性；空气质量；新自由主义
悉尼进入第三个百年（1988）	1986—2011	450万人口；绿色新开发地区住房密度10户住房/公顷；建成26.5万新住房；悉尼中心利于公共交通的80:20模式划分	紧凑城市；多核的城市
面向21世纪的城市：整合悉尼城市管理（1995）	1994—2021	450万人口；65%的新住房是公寓楼；可开发地区住房密度15户住房/公顷	新自由主义；紧凑城市；经济竞争力；生态可持续发展
塑造我们的城市：悉尼大都市区域规划战略（1998）	1999—2011/2016	450万人口；可开发地区住房密度15户住房/公顷	紧凑城市；经济发展；生态可持续发展；公共交通
城中之城：为了悉尼未来的规划（2005）	2005—2031	540万人口；64万户新住宅；60—70%的新住房位于现有城市地区；	中心和走廊；可持续发展；经济竞争力与创新；交通导向开发
悉尼2036都市区规划（2010）	2010—2036	600万人口；77万户新住宅；70%的新住房位于现有城市地区；76万新工作岗位	紧凑的、网络化的城市；可持续的、可支付的、宜居的和公平的；气候变化

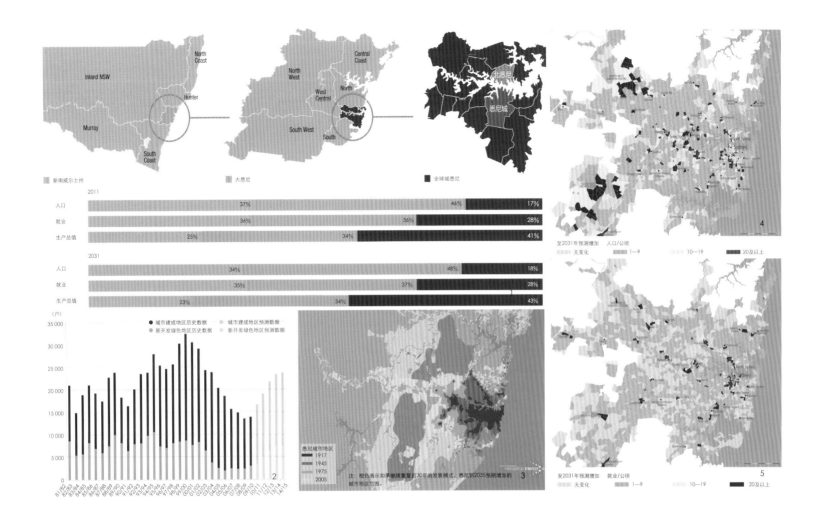

注：橙色表示如果继续重复近30年的发展模式，悉尼到2035预期增加的城市地区范围。

略规划强调了四个主要目标：公平、效率、环境质量和宜居性，并引入"大都市区域"（Greater Metropolitan Region）的概念。通过土地利用与交通的整合、郊区活动中心的提升以及对区域尺度城市设计的明确关注，全面强调更加紧凑的都市区。

进入新千年，面对新的挑战，2005年和2010年的悉尼都市区战略更加强调网络化城市、可持续发展和应对气候变化等议题，以平衡未来25年悉尼发展的社会和环境影响，并提出建设全球经济走廊。

2. 面临的挑战

（1）城市面临的挑战

首先，增长的可持续性是悉尼中心性的挑战。悉尼主要在人口与就业、住房、交通和基础设施、环境和经济竞争力等方面面临新的挑战。悉尼未来的人口增长速度将更快，州政府预测总人口到2031年将增长到562万，比2011年增加123万。悉尼65岁及以上的人口到2031年将增长至90万，占总人口的16%（表2），人口结构也将发生变化。悉尼作为澳大利亚最大的城市，其"城市外边缘区"比其他城市更具吸引力，"城市外边缘区"人口增长显著。这需

要提供足够的土地和多样化的住房以满足需求，然而悉尼区域的住房建设目前处于历史性的低谷。在信息产业的发展、郊区与城市之间固有的土地差价的驱使下，市场行为推动了悉尼"城市区"的地域在不断扩大，城市建设用地呈现蔓延式的发展。绿地开发、汽车主导的出行、中心区高涨的房价以及日益增加的消费水平，都大大提高了悉尼的社会成本和环境成本。州政府的规划需要平衡绿色地区和已建成地区的发展，这涉及市场力量、社区生活方式偏好和居民可负担能力。

表2　　悉尼未来20年变化趋势预测

年份	人口		家庭	就业
2010	426万	> 65岁：12%	171万	216万
2031	562万	> 65岁：16%	228万	276万

其次，保持经济竞争性与全球城市地位。近年来，悉尼在各项全球城市排名中的位置总体呈下降

趋势（表3）。同时，悉尼还面临澳大利亚国内其他城市的竞争。悉尼议会委托的相关研究认为，定位悉尼全球竞争力的关键议题包括都市区治理模式、提高连通性、推进创新和创造性、改善大型展览设施以及提高住房可支付性和公平性。

第三，应对气候变化和环境保护。人口增长及日益增加的消费水平导致了悉尼较高的生态足迹，并在都市区层面影响了水的质量和供给、空气质量和生物多样性。城市活动产生了大量温室气体，产业和居住部门的温室气体排放占到总排放的一半。悉尼面临的主要气候变化影响包括日益增加的温度、更加频繁的火险天数以及沿海和内陆地区的洪水等。这需要更好地理解自然灾害与土地使用决策的关系以及土地使用对自然灾害发生的影响。

（2）规划面临的挑战

规划的州政府控制、基础设施的州政府提供和

表3　　　　　　　　　　　　　　　　　　悉尼全球城市排名变化

Global Cities Index	GAWC Global City Index	Global Power City Index	Global Economic Power Index
2010年：第7位	2008年：第7位—Alpha	2010年：第10位	2011年：第11位
2012年：第12位	2010年：第10位—Alpha+	2012年：第15位	2015年：第14位（并列）
2015年：第15位	2012年：第10位—Alpha+	2014年：第13位	

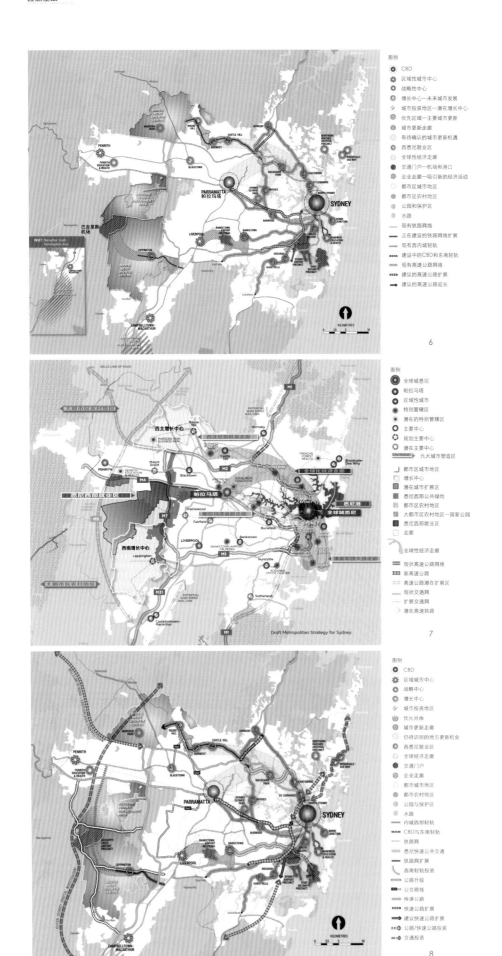

图例
◉ CBD
⚙ 区域性城市中心
◉ 战略性中心
◉ 增长中心—未来城市发展
◎ 城市投资地区—潜在增长中心
▨ 优先区域—主要城市更新
▧ 城市更新走廊
◌ 有待确认的城市更新机遇
▦ 西悉尼就业区
◉ 全球性经济走廊
◎ 交通门户—机场和港口
◌ 企业走廊—吸引新的经济活动
▢ 都市区城市地区
▣ 都市区农村地区
▨ 公园和保护区
▨ 水路
━ 现有铁路网络
┅ 正在建设铁路网络扩展
▬ 现有西内城轻轨
▬▬ 建设中的CBD和东南轻轨
▬▬ 现有高速公路网络
╍╍ 建议的高速公路扩展
➡ 建议的高速公路延长

6

图例
◉ 全球城市悉尼
◉ 帕拉马塔
◉ 区域性城市
✦ 特别管辖区
✦ 潜在的特别管辖区
◉ 主要中心
◎ 规划主要中心
◌ 潜在主要中心
━ 九大城市塑造区
▢ 都市区城市地区
▢ 增长中心
▨ 潜在城市扩展区
▨ 悉尼西部公共绿地
▣ 都市区农村地区
▨ 大都市区农村地区—国家公园
▨ 悉尼西部就业区
▢ 走廊
╍ 全球性经济走廊
━ 现状高速公路网络
▬▬ 新高速公路
▨ 高速公路潜在扩展区
┅ 现状交通网
┈ 扩展交通网
┄ 潜在高速铁路

Draft Metropolitan Strategy for Sydney

7

图例
◉ CBD
⚙ 区域城市中心
◉ 战略中心
◉ 增长中心
◎ 城市投资地区
▨ 优先地区
▧ 城市更新走廊
◌ 仍待识别的地方更新机会
▦ 西悉尼就业区
◉ 全球经济走廊
◎ 交通门户
◌ 企业走廊
▢ 都市区城市地区
▣ 都市区农村地区
▨ 公园与保护区
▨ 水路
╍ 内城西部轻轨
▬▬ CBD与东南轻轨
━ 铁路路线
▨ 悉尼快速公共交通
┅ 铁路路线扩展
┈ 西南轻轨投资
▬▬ 公路升级
➡ 公交线
➡ 快速公路
➡ 快速公路扩展
╍╍➡ 建议快速公路扩展
➡➡ 交通投资

8

6. 悉尼都市区战略2031展望
7. 悉尼都市区战略2031展望—规划草案
8. 连接工作与居住

绿色未开发地区的增长是悉尼都市区规划制定的显著特征，这些特征在以往的战略规划上体现为较高程度的蓝图式细节规定。澳大利亚当前的都市区规划被认为过于细节的刚性规划无法应对快速变化的情况和不确定性，同时通过长期的人口预测建立规划参数，以及战略作为一种优美的建设拼图和些许的物质决定论也受到质疑。

基础设施的私有化和外包、以公私合作的方式为主要基础设施提供资金、从低密度的郊区发展到现有城市地区的更新、填充和再开发等新的新的发展趋势，使规划面临更加复杂的治理结构和关系、更多的不确定性。治理结构、基础设施提供和城市发展的选址和强度三个方面的变化是规划面对的主要挑战。

二、强大的全球城市，优越的居住之地——悉尼都市区战略规划

1. 规划编制

2011年新政府执政后，新一轮的悉尼都市区战略规划开始进行。悉尼都市区战略的编制分为四个阶段：战略讨论文件、悉尼都市区战略草案、最终悉尼都市区战略和分区域规划，在每个阶段之间进行社区咨询意见反馈。2012年5—6月间"悉尼超越下一个20年"讨论文件咨询期间进行了广泛的公共参与，包括15个进社区公众会议、都市区战略网络论坛、关于谈论文件的155份书面意见书等。随后战略规划草案于2013年发布。经过新一轮的公众参与与规划修改后，最终的悉尼都市区战略规划于2014年底公布。通过《悉尼选择性增长路径的成本与收益：经济、社会和环境影响》（2010）和《悉尼选择性增长情景的成本与收益：聚焦于现有城市地区》（2012）等前期专题研究，对未来20年悉尼人口和就业增长的预测仍是新一轮都市区战略的主要基础，专题研究主要基于住房在现有城市地区和绿色地区之间不同分布，以及住房和就业在战略性（较大的）城市中心、地方性（较小的）城市中心和城市中心以外地区之间的不同分布的情景差别，考察了未来20年悉尼住房和就业增长的不同情景的成本和收益。

新一轮都市区战略规划的编制主要基于下列原则的考虑：强化悉尼作为澳大利亚的卓越城市的地位；一种平衡的方式提升和促进全悉尼的增长，回应社区和商业的反馈，以及环境和市场的考虑；整合基础设施、交通和土地使用；提供住房选择同时充分地增加供给，投资于现有的和规划的基础设施，提供市场导向的解决方式；维持全方位的政府管理方式；通过一种新的规划框

架实现平衡的增长。并进一步强调：通过在城市建成地区的城市更新增加所有中心周围地区的住房选择；在战略中心和交通门户地区更强大的经济发展；连接各中心的交通网络系统。

2. 战略框架与政策重点

（1）2031展望：强大的全球城市，优越的居住之地

面对挑战，悉尼都市区战略针对性地提出2031展望：强大的全球城市，优越的居住之地。既着眼于国际性的竞争力，又关注于提高本地居民的生活质量。2031展望描绘了悉尼新的城市开发的限制和结构、规划的就业地区、分区域工作和住房的确定目标、主要中心和就业范围。新一轮都市区战略规划提出4大目标，全球性竞争的经济、住房供给、宜居社区以及可持续和韧性的城市。这些目标又细分成22个具体的方向（表4）。

（2）强大的全球城市：网络化城市、中心与走廊

平衡增长战略具体有三个方面的内容：一是刺激住房增长的两种方式——现有城市地区填充式开发和未开发绿色地区开发之间的平衡；二是一系列不同的住房类型在悉尼整个区域的平衡增长；三是住房增长与工作地点和服务设施之间的平衡并相互接近。这些将通过一个紧凑、连通的网络化城市得以实现，并且具有高效出行选择的走廊被视为确保其实现的关键。

战略规划强调了中心节点和它们之间概要性流动的识别。新的住房和就业位于这些中心，它们通过公交通和其他的主要线路形成较密的网络，目标是实现一个网络化的城市，这也被作为促进更加紧凑的城市的主要影响因素。新的铁路线、公共交通和高速公路网络等长期交通规划措施将增强和保护这些交通走廊。强化和发展悉尼各中心的政策包括：在各中心规划住房增长；战略性中心将是中高密度住房和办公商业增长的中心；鼓励各中心的混合使用开发；扩展悉尼和区域城市的商业核心区域；大规模商业楼宇选址在战略性中心；规划新的中心以满足人口增长和提供投资机会。

规划的中心分为不同的类型，包括战略性中心、特别性中心和地方性中心（表5）。最重要的中心是全球性战略中心悉尼，由悉尼CBD及邻近地区和北悉尼CBD组成，同时在帕拉玛塔（Parramatta）形成一个联系良好的第二CBD。战略规划认为维持悉尼作为澳大利亚第一城市的地位将是最大的挑战。相应制定的主要优先政策包括：通过提供19万个新的工作岗位强化金融和服务产业部门的增长；提供包括轻轨在内的交通投资优先；利用位

表4　《为增长的悉尼规划》的目标及其具体方向

目标	方向
一个具有世界级服务和交通的竞争力的经济	方向1.1：发展一个在国际上更有竞争力的悉尼CBD
	方向1.2：发展大帕拉玛塔（Greater Parramatta）——悉尼第二CBD
	方向1.3：建立一个新的优先发展区——大帕拉玛塔到奥林匹克岛
	方向1.4：通过增长和投资转型西悉尼的生产力
	方向1.5：在悉尼的门户和运输网络增强容量
	方向1.6：扩展全球性的经济走廊
	方向1.7：发展战略性的中心——提供更多靠近居住的就业
	方向1.8：增强与区域新南威尔士的联系
	方向1.9：支持优先经济部门
	方向1.10：规划教育和健康服务设施以满足悉尼日益增长的需要
	方向1.11：提供基础设施
一个具有住房选择的城市，满足需求和生活方式的住宅	方向2.1：加速整个悉尼的住房供给
	方向2.2：加速整个悉尼的城市更新——提供靠近就业的住房
	方向2.3：改善住房选择以适应不同的需求和生活方式
	方向2.4：及时交付和良好规划的未开发绿地范围和住房
一个优越的宜居之地，强大的、健康的和连结良好的社区	方向3.1：使现有的郊区活力再现
	方向3.2：创造跨越悉尼相互连接的网络，多种用途的开发、绿色空间
	方向3.3：创造健康的建成环境
	方向3.4：促进悉尼的遗产、艺术和文化
一个可持续和韧性的城市，自然环境并以一种平衡的方式使用土地和资源	方向4.1：保护自然环境和生物多样性
	方向4.2：建设悉尼对自然灾害的韧性
	方向4.3：管理开发对环境的影响

于达令港的悉尼国际会议、展览和休闲区的投资机会强化全球性悉尼作为艺术、娱乐和零售的第一目的地；保护和支持悉尼歌剧院、悉尼港大桥和岩石区等国家性的重要遗产和标志。

战略规划中的全球性经济走廊将为所在地区的城市更新提供机会，并提供就业中心间跨区域的联系，强化全球竞争性产业在已建立和规划的中心的聚集。全球性经济走廊从博塔尼港和悉尼机场经全球性悉尼、麦考瑞公园延伸至帕拉玛塔和奥林匹克公园。这个25km的经济活动聚集弧线，其就业多样性和全球竞争性产业的集中是意义重大的，全州接近50%的生产总值集中在这条走廊。博塔尼港和悉尼机场优先考虑国际口岸功能的产业用地，西部的第二机

场——巴吉里斯机场（Badgerys Creek Airport）将成为新的经济活动中心和改善新的交通联系。悉尼的知识经济就业岗位也主要集中在这条经济走廊，规划将在全球性经济走廊上形成四个知识中心：创意数字技术、金融服务、医学技术以及交通物流——澳大利亚科技园区。随着悉尼市场转向专业服务、健康保健和先进制造业，高效集聚的收益将会增长。悉尼将从一个商业、工业中心发展成为一个文化、知识中心城市。

表5　　　　中心类型与描述

中心类型		简要描述	步行范围
战略性中心	全球性悉尼	国家和国际商务的主要焦点	2km
	区域性城市	全方位的商务、政府、零售、文化、娱乐和休闲活动的地区	2km
	主要中心	分区域主要的购物、商业和市政中心 规划的主要中心 潜在的主要中心	1km
特别性中心		机场、港口、都市区商务园区/办公群、大学和研究/健康中心	
地方性中心	城镇中心	中等规模的零售、商业或办公建筑	800m
	村庄中心	一组零售、商业或办公建筑	400—600m
	邻里中心	一小组零售、商业或办公建筑	150—200m

（3）优越的居住之地：宜居、健康与高效连接

战略规划提出创造一个拥有优越、健康和良好连接社区的城市，通过城市提供的对社会、休闲和经济的机会均等，城市的每一个人——居民、工作者和参观者——将得到公平对待。这包括郊区复兴、绿色空间网络、健康建成环境和遗产、艺术与文化提升等主要方面。

首先，悉尼应当提供高质量的、接近交通选择、开放空间和社区设施与服务的可支付的住房，增加居民对不同类型住房的选择，以适应家庭结构与生活方式变化的不同需求。在规划草案中，提出到2021年和2031年将至少分别提供27.3万和54.5万户新住房，分别提供33.9万和62.5万个工作机会。澳大利亚城市任务小组（Urban Taskforce Australia）认为增长预测过于保守，战略规划应当预测人口增长至少140万，最小住房和就业目标分别不少于57万和67.5万。在最终通过的战略规划中，提出到2031年需要提供64.4万住房并容纳68.9万户。研究认为聚焦悉尼郊区的新住房将为社区带来实质性的收益并具有良好的社会和经济意义。在西北和西南增长中心通

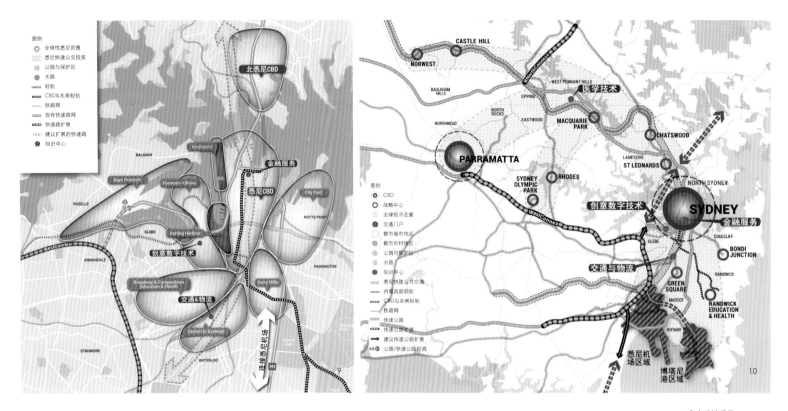

过及时良好的绿地开发规划提供住房，通过优先地区范围和城市增长计划，加速指定填充地区的新住房建设，通过在交通走廊地区进行城市更新提供与就业岗位邻近的住房。政府通过投资社会基础设施，如学校、开放空间、市民空间、林荫道、健康中心等支持这一过程。地方住房战略是协调地方和州政府为填充开发提供基础设施资金的第一步，并作为社区战略规划的一部分。

其次，全球化的和宜居的城市需要一个健康的、具有弹性的自然环境，在应对环境挑战和降低碳排放方面，建立应对自然灾害的弹性，保护生物多样性，鼓励高效的能源和资源使用，保护自然景观遗产，改善空气和水的质量。规划具有弹性的建成环境，进行水敏性城市设计，将城市水循环的考虑整合进城市规划。在帕拉玛塔（Parramatta）建议规划和开发的自然景观、本地开放空间和战略公园相互连接的绿色网络，包括了主要的商业、就业和居住范围。它将提供更好的环境效益、社会效益和经济效益，如改善空气与水质量、更高的房产价值、促进更多的步行和自行车出行。此外，战略框架将平衡都市区农村地区重要的保存、经济和社会价值，最小化对现有第一产业和生产性农业的不利经济影响，考虑关键自然资源

限制，避免对现有国家森林公园等产生不可持续的压力，保护自然遗产地区和其他自然地区，监测周围地区使用对世界遗产环境价值的累计影响，以及保护高产农业土地以确保食物的本地可获得性。

再者，悉尼要真正地实现强大的全球城市与优越的居住之地，需要高效便捷的交通设施所提供的高水平的可达性和跨区域的连通性的强大支持。在强化悉尼的全球化城市角色层面，战略规划明确高水平的可达性和跨区域的连通性是悉尼维持其全球性城市地位所必需的。悉尼战略交通网络展示了一个等级化的不同服务水平的交通走廊网络，确认了46个战略性交通走廊以连接城市的主要中心，通过更高频率的公共交通联系城市将被高度网络化这些廊道是多模式的，并通过引入一定程度的不确定性应对长期的预期目标。通过土地利用与交通的规划整合，提供的区域内和跨区域的连通性，促进可持续的交通出行选择。

在地方性的居民生活层面，战略强调公共交通提供的可达性。悉尼自1995年以来汽车数量增加了60万，68.6%的工作日出行采取小汽车方式，24%的人口乘公共交通去工作，全部出行的18.5%为步行，全悉尼平均通勤时间为35分钟。尽管规划认识到未来20年小汽车出行仍是占支配地位的出行

方式，但是，悉尼内城和中城（inner and middle Sydney）之间的公共交通网络将使地方邻里的出行更加便捷。作为控制交通拥堵可行的交通选择和策略，鼓励步行和自行车出行。新的开发地区及中心通过公关交通与现有中心相连通，并且覆盖步行和自行车出行范围。通过设置执行交通与土地利用整合的最低标准，恰当的交通系统容量以支撑较高强度的土地混合和功能多样性。

3. 规划实施与评估

与英国和欧洲国家相比，澳大利亚地方政府拥有较少的权利和资源，规划和发展控制的权利被单独授予州政府，同时州政府机构负责或者提供都市区的基础设施。悉尼都市区规划寻求通过清晰的远景展望和确定的规划结果来提供发展确定性和方向，同时其不同的实施工具又嵌入了适当的灵活性。大悉尼委员会（The Greater Sydney Commission）是推进战略规划实施的专职机构，这是第一次建立独立的实体机构负责都市区规划的实施。

悉尼区域战略的制定，是在各级政府以及各个部门的冲突与合作中，以维护不断变化的公众利益为前提，通过不断修正发展目标并引入新的规划手段

来进行的。新战略规划的实施是通过州政府建立的一个新的规划实施框架。新的规划框架强调了社区参与、战略聚焦、简化审批和基础设施供给四个重点。代表一系列州政府机构的首席执行官团体将负责监督都市区战略的实施和审查年度更新报告。战略规划的实施首先要通过整合各政府各的决策以达成战略性的方向，地方政府议会通过形成"地方环境规划"和"社区战略规划"，以适当的绩效指标和行动时间表，来强调州与地方政府之间在发展方向和目标上的协调一致。

通过州政府新的"长期交通总体规划"，整合土地使用和基础设施（经济基础设施与社会基础设施）规划与交通规划，提高战略性基础设施和交通项目的评估与选择，强调其发展导向性。这将确保地方环境规划传达和产生预期的都市区战略的意图。"地方环境规划"是实现与都市区规划目标一致的强制性开发控制的主要土地使用规划工具。此外，地方政府和州立机构合作修订新的次区域战略规划。次区域规划委员会将建立州政府机构和地方政府间的有效合作并监督分区域规划的措施。

为了更好地实施规划并监督其进程，大悉尼委员会将对实现四个目标的进展建立一个监测和报告过程，这些信息将支持政府基础设施供给的优先性。主要组成包括为议会提供进展信息和行动建议的年度报告、三年一次的规划实施结果报告，以及每五年利用新的普查数据和变化的环境情况进行一次综合的规划检讨。战略规划中需要监测的指标体现了较高的可测度性和持续比较性，比如悉尼的竞争性经济，通过新工作岗位的创造、全球商业总部的国内份额、战略中心和交通门户地区工作增长的比例、城市各中心工作与住房比例等指标，在年度进度报告中动态、连续的进行规划实施监督。

三、总结与启示

1. 规划目标：全球与地方的共同关注

在信息技术、全球化经济和新自由主义城市政策的主导下，城市发展转向国际排名、全球竞争和经济发展，公共空间的建设被作为吸引高收入群体、资本投资和旅游的主要手段。通过其核心展望——全球与地方，可以看到悉尼战略规划所基于的两个基本认识：一是将空间战略视为让城市和区域更具经济竞争力的策略；二是对首要的本地可持续发展要求的体现，由环境可持续更多地转向对人文社会领域的关注。尽管全球性城市和经济发展仍是重要议题，与之前的战略规划相比，更加关注"本地"与"人"，强调城市发展为本地居民提供充分就业、充分公共服务和健康生态环境。

我国城市规划在政府主导下以"投资为导向"的趋势十分明显。朱介鸣对我国2000年以来24个城市的发展战略规划分析后认为，城市的空间和经济发展几乎是规划所考虑的唯一内容，而环境问题和社区发展只是粗略地一笔带过。在现阶段新型城镇化的发展要求下，"经济发展"与"安居乐业"共同构成新型城镇化的基本内涵，不应将经济竞争作为空间战略的单一主导目标，而应从"投资导向"转向"需求导向"。目前我国很多城市已经开展了以创建宜居社区为突破口的宜居城市建设。但是在大量农村人口向城市聚集的压力下，城市保障性住房以及公共服务的供给不足成为宜居社区建设面临的主要挑战。

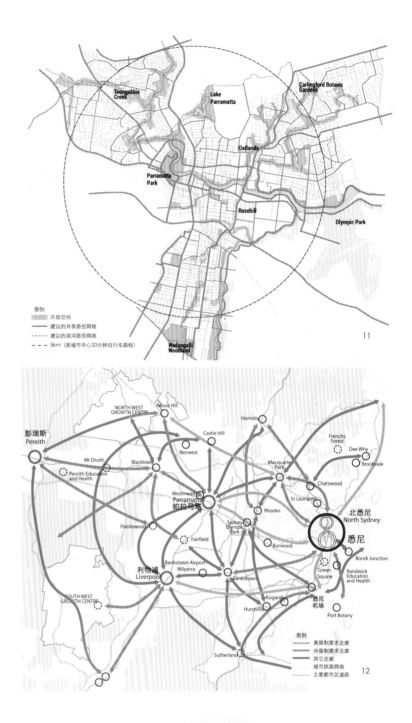

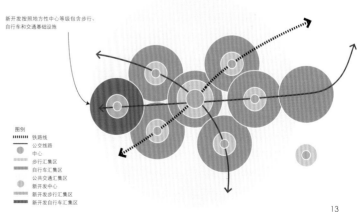

新开发按照地方性中心等级包含步行、自行车和交通基础设施

因此未来的城市发展与规划，应更多关注本地居民的生活需求，以社区为基本单位，通过设施引领的场所营造，促进设施服务完善、住房保障有力、交通环境舒适的宜居城市建设。

2. 实施监督：规划整合与动态绩效测量

我国的战略规划在实践中常常出现实施难度大、缺乏实施监测、缺乏公众参与等问题。悉尼都市战略规划的编制表明，将战略规划与交通规划、基础设施规划进行整合是战略规划有效实施的保障。州政府已经充分认识到，只有通过广泛的社会参与，形成一套由长期战略（20年期的都市区域战略、州基础设施战略和长期交通总体规划）、中期整体10年规划和短期社区行动（2年的区域行动计划）相互协调配合的规划实施与管理系统，才能在实现预期的规划目标，合理安排居住和就业，以形成基础设施和交通网络服务高效的城市生活空间。此外，为了更好地实施规划，需要进行阶段性量化的绩效监督，通过年度报告监测规划的实施进度和取得的进展，以便及时总结和时保持规划的连续性。悉尼战略规划通过建立一个可持续性量化的绩效指标体系作为支撑。

空间战略的行动导向强调建设实施，需要通过创造各种工具和手段使战略付诸实施。国内的规划实践往往偏重对现实问题的分析和未来目标的设定，在规划的实施行动组织和结果评价方面相对不足。尽管近年来逐渐重视规划的实施行动及其评估，仍需通过整合环境、经济、生态、交通、社会等方面的规划，在理论和实践层面进一步强化。同时战略规划的制度化、法定化也是亟待研究的问题之一。

3. 方法趋势：一个更加关系化的空间结构

新自由主义的主导、公民社会的复兴以及政府管治的转变，是20世纪90年代欧洲空间战略规划复兴的三个最根本的原因。在此背景下，欧洲空间战略由详细的蓝图模式转向更加概要的和较少几何空间表达的模式。这种模式重点强调节点以及它们之间的流动的描绘，Healey称之为"关系规划"。Bunker和Searle认为，与欧美相比，澳大利亚都市区战略极具自身的特色，反映了澳大利亚的规划范式。新世纪第一个十年的澳大利亚都市区战略规划，通过将战略目的和社会目标与地方土地使用区划和控制工具相结合，对活动、土地使用和交通设施有相当详细的规定性描述。但是这一范式正朝着更加概要的、基于流动的关系和交流的空间战略发展。Searle认为悉尼的战略规划在中短期（10年）是传统蓝图式的规划，而超越10年的规划阶段在本质上变得更加的关系化，

但住房就业目标和城市增长边界仍是中心问题。

战略规划着眼于城市或者区域在一个长期阶段内整体发展的方向以及指导近期行动的整体框架。应当把城市或区域整体"空间"理解为包含了所有的"关系"的内在的"空间性"——无论是经济关系、社会关系还是生态关系，"关系"的概念将场所视为社会的建构，在社会环境中给具体场地和节点赋予意义。战略规划在未来决策中更具弹性，定期的修订将保留现有战略的主要要素，使其更加容易在不同部门之间达成一致。虽然一个更加弹性的注重"关系"要素的战略规划将比传统蓝图式的规划更具适应性，但也将使地方规划的制定面临一个更少确定性的框架。所以，一个长期的流动性的战略以形成短期的蓝图式的规划应当是考虑的方向。

注释

[1] 包括2013年的规划草案和2014年的最终成果。

[2] 面积数据来源：参考文献[17]；人口数据来源：澳大利亚统计署网站，http://www.censusdata.abs.gov.au/census_services/getproduct/census/2011/quickstat/1GSYD。

参考文献

[1] Bunker, R. &Searle, G. Seeking Certainty: Recent planning for Sydeny and Melbourne [J]. Town Planning Review, 2007, 78(5): 619 – 642.

[2] Searle, G. Theory and Practice in Metropolitan Strategy: Situating Recent Australian Planning [J]. Urban Policy and Research, 2009, 27(2): 101 – 116.

[3] Searle, G. & Bunker, R. Metropolitan strategic planning: An Australian paradigm? [J]. Planning Theory, 2010, 9(3): 163 – 180.

[4] Kornberger, M. & Clegg, S. Strategy as performative practice: The case of Sydney 2030 [J]. Strategic Organization, 2011, 9(2): 136 – 162.

[5] Bunker, R. Reviewing the Path Dependency in Australian Metropolitan Planning [J]. Urban Policy and Research, 2012, 30(4): 443 – 452.

[6] Searle, G. "Relational" Planning and Recent Sydney Metropolitan and City Strategies [J]. Urban Policy and Research, 2013, DOI: 10.1080/08111146.2013.826579.

[7] 周炜旻，胡以志. 城市中心区规划发展方向初探：以悉尼2030战略规划为例[J]. 北京城市建设，2009（3）：103 – 108.

[8] 石忆邵，范华. 悉尼大都市建设用地变化特征及其影响因素分析[J]. 国际城市规划，2009，24（5）：91 – 95.

[9] 凯文•奥康纳，韩笋生. 澳大利亚大都市区发展与规划对策[J]. 国际城市规划，2012，27(2)：80 – 87.

[10] New South Wales Government. First things first: The State Infrastructure Strategy 2012-2032[EB/OL].http://www.infrastructure. nsw.gov.au/state-infrastructure-strategy.aspx, 2012/2013 – 09 – 24.

[11] Searle, G. Planning Discourses and Sydney's Recent Metropolitan strategies [J]. Urban Policy and Research, 2004, 22(4): 367 – 391.

[12] New South Wales Government. Metropolitan Plan for Sydney 2036 [R]. Sydney: NSW Government, 2010.

[13] Ashton, P. Planning. Dictionary of Sydney [EB/OL]. http://www.dictionaryofsydney.org/entry/planning, 2008/2013 – 09 – 24.

[14] New South Wales Government. Sydney over the next 20 years: A Discussion Paper[R]. Sydney: NSW Government, 2013.

[15] New South Wales Government. NSW Long Term Transport Master Plan [R]. Sydney: NSW Government, 2012.

[16] Department of Infrastructure and Transport. Population growth, jobs growth andcommuting flows in Sydney[EB/OL]. http://www.bitre.gov.au/publications/2012/report_132.aspx, 2012/2013 – 09 – 24.

[17] New South Wales Government. Draft Metropolitan Strategy for Sydney 2031[EB/OL]. http://strategies.planning.nsw.gov.au/MetropolitanStrategyforSydney.aspx, 2013/2013 – 09 – 24.

[18] New South Wales Government. A Plan For Growing Sydney: A strong global city, a great place to live [EB/OL]. http://www.planning.nsw.gov.au/Plans-for-Your-Area/Sydney/A-Plan-for-Growing-Sydney, 2014-12/2015-2-20.

[19] New South Wales Government. A New Planning System for NSW: Green Paper [M]. (2013)[2013-09-30]. http://www.planningreview.nsw.gov.au.

[20] 朱介鸣. 发展规划：强化规划塑造城市的机制[J]. 城市规划学刊，2008（5）：7 – 14.

[21] 姜涛. 西欧1990年代空间战略性规划（SSP）研究：案例、形成机制与范式特征[D]. 上海：同济大学，2007.

作者简介

程 亮，同济大学建筑与城市规划学院，博士研究生。

金边皇宫周边区域发展的保护更新思考

Thinking Preservation and Renewal toward the Development of the Royal Palace Area, Phnom Penh

莫 霞 王慧莹 黄 逊
Mo Xia Wang Huiying Huang Xun

[摘　要]　基于实地调研和《金边皇宫周边区域保护更新规划研究》，并结合与柬埔寨国家建设部、王家研究院的沟通交流，从"城市整体的空间架构、历史文化传承与创新、保护控制与设计导引"三个方面，探讨金边皇宫周边区域发展的保护更新思路，提供有益的策略借鉴。

[关键词]　保护；更新；金边皇宫

[Abstract]　Based on the field research and the study of preservation and renewal planning of royal palace area of Phnom Penh, and the communication and exchangewith the Construction Ministry and the Royal Academy of Cambodia, the ideas on the preservation and renewal are discussed, also some beneficial strategies are proposed for reference, from three main aspects of the holistic spatial structure of urban, the heritage and innovation of history and culture, and the appeal and system of protection and control.

[Keywords]　Preservation; Renewal; Royal Palace

[文章编号]　2016-71-C-125

一、引言

　　新的世纪早已呈现为一个更为开放和多元的世纪。经济、文化和社会的开放程度，使得任何一个民族和群体都面临不可抵挡的潮流冲击：和平与进步、发展与增长、机遇与变革的多元交叠，促使柬埔寨这个一直以深厚文化而饱受瞩目的国度，亟需在新的时代实现保护与更新相融，重铸"金色高棉"的新辉煌。以此为契机，笔者参与了《金边皇宫周边区域保护更新规划研究》（后简称《研究》），并于2014年赴柬埔寨金边，与其国家建设部、王家研究院，重点就该研究以及城市建设发展思路进行了正式的沟通交流。其关键的一个目的在于希望促使金边的未来发展，能够避免我国快速城市化过程中所出现的城市风貌遭到破坏、建设无序等不利情况，激发当地政府对城市更为长远的、保护更新发展的充分重视，促进城市未来发展的活力与繁荣。

二、冲突激发下的保护更新诉求

　　柬埔寨地处东南亚交通枢纽位置，自然资源十分丰富，拥有世界奇观吴哥古迹群。当前政局发展稳定，治安状况良好，市场高度自由化。其首都金边地处洞里萨河与湄公河交汇处，拥有飞机场、内河港口，同时又有铁路经过，交通区位优越，是柬埔寨政治、经济、文化和宗教中心。而金边皇宫作为国家标志、文化宝石，拥有金碧辉煌的建筑，有着与高棉文化密不可分的联结，更承载着未来城市发展的多重契机。金边皇宫区域的保护更新因而构成了未来城市发展建设的重中之重、关键所在。

　　然而，20世纪以来，由于经济发展、人口增多、机场带动城市的西拓等，金边城市建设呈现围绕核心区向周边的快速扩张，土地资源过度消耗，皇宫所在的核心区也呈现低集约度利用，面临建筑高度突兀、街区风貌遭到破坏、土地价值降低等多元问题的交织，开发形势十分严峻。事实上，这些还必须与金边社会经济发展的现实[1]密切关联来考察，以更为深刻地理解当地政府过往在面临资本冲击时的无力，及其面临保护与控制诉求而需要与居民交流的谨慎，进而思考和探索植根于本土社会经济的规划设计应对可能。

　　总的来看，金边的发展可以说经历了先发展再有规划的过程，再加上柬埔寨的土地私有制、历史所造成的产权不明、多党执政下的博弈风险等因素的存在，直至今天仍未形成有效的保护更新体系，建设和规划的矛盾日趋突出，城市空间发展模式的创新转型已刻不容缓。面向上述问题，立足《研究》，以传承与创新为核心支撑，并引入更为宽广的借鉴视野，论文提出从"城市整体的空间架构、历史文化传承与创新、保护控制与设计导引"三个方面进行保护更新的策略应答。

三、城市整体的空间架构

　　基于金边现状城市发展和空间特征，通过对北京、巴黎、莫斯科几大首都城市的历史核心保护与更新模式进行比较分析（表1），可以提炼出核心拓展、轴线联通、以及未来的多中心共建等适宜金边的模式导向。以金边皇宫区域为核心，向周边拓展商业、金融、旅游、文化等重要城市核心功能，借助城市主要功能发展轴、景观发展轴以及生态景观通廊，辐射带动周边区域发展，促进在城市整体的发展结构上形成多元激发、多核心互动，强化城市魅力特色，提升城市活力。

　　其中的关键在于，其一，应结合金边城市发展目标与计划，[2]明确不同意象区域空间特征与意象结构，比如划分金边皇宫周边区域、奥利匹克运动场及商业中心区域、新中央市场与火车站周边区域、万谷湖区域等。其二，以交通性和生活性道路串接特色城市意象区域、组织多元的城市功能，比如，南北向的莫尼旺大道，串联了火车站和新中央市场区域、玛卡拉区政府、万谷湖、万禾密湖等城市主要湖体和公共

金边老城区 400m×400m 建筑密度45%—50%　金边新城区 400m×400m 建筑密度35%—40%　金边皇区 400m×400m 建筑密度20%—25%

"窄巷宽坊"式城市肌理

表1　　　　历史核心保护与更新模式比较分析

	模式	优势	问题
巴黎	轴线联通、新旧两立	交通疏散性好；带动轴线周边地区发展；维护传统风貌；土地利用最大化	投入资金多；开发周期长
莫斯科	多核放射、环线串联	便于疏散人口；公共空间系统化；带动周边地区发展	基础设施重新建设周边综合区人气不足
北京	核心拓展、同城发展	基础设施完善；投入资金少；开发周期短	交通疏散性较差城市蔓延，设施成本替升对历史建筑破坏大

设施；沿狄潘街向西则串联了乌西亚市场、奥利匹克运动场及商业中心区域等。其三，依托洞里萨河、广场公园等创造生动的空间架构；其四，划定尺度适宜的空间单元，分区域形成丰富的慢行网络联系，促进公共活动的联结。

四、历史文化传承与创新

随着全球范围内国家、区域城市间竞争的加剧，从文化层面认识、进而提升制度的竞争力日益受到人们的高度关注。在FOLEY（1964）的城市空间结构"四维"概念框架中，文化价值作为城市空间的内核，能够为物质环境带来意义与认同，引发功能活动，使空间富有活力与特色，促使空间的附属价值得到提升。以伦敦南岸艺术区的发展为例，其利用废旧港口码头和古老仓库改造成为文化旅游区，形成了世界上最大的艺术中心所在地，历史文化传承与创新可以说产生了最为核心的影响与作用：①把握机会来加强和导入新的发展和合适的功能：引入激发活力的文化设施、商业休闲等，同时促进历史建筑与工业遗迹的再生利用；②形成具有历史文化特色的公共空间网络：一方面，通过公共空间建立起城市与滨水空间的联系，增强连接性，促进实现公众可达性的最大化；另一方面，强调滨水区域的场所性与体验性建构，提升艺术文化氛围；③联结历史与现代的地标建筑，以及特色的高层建筑组群；等等。

可以说，城市的空间结构关系、肌理与形态都蕴含着特定文化内涵的积淀，本土城市地域发展格局的形成，离不开对历史遗产、特色风貌、重大事件、生活方式等的传统承继与文化型构。在城市不断自我更新的发展过程中，一方面，我们应注重地区的地域特征，挖掘潜在的历史文化内涵；另一方面，在保护城市的物质文化遗存的同时，应使其适应现代生活，沿承城市的文化传统并使之融入当代城市，让传统文化为新时期功能发展服务，使新旧建筑相互融合，延续城市文脉。

以此为出发点，皇宫周边区域的发展，首要的，应着眼文化要素的加强与引入，促进形成金融办公、旅游休闲、高端居住三大主导功能，提升皇宫周边区域发展能级，强化特色。其次，以皇宫为核心的老城区虽然建筑风格多样、街道面貌比较混乱，但具有新城所没有的活力与人气，其所具有的小尺度、窄巷宽坊等，还是能充分反映一种特色的地籍模式、街道肌理、建筑格局。因此，金边发展应保持自身小尺度、窄巷宽坊的肌理特征，营造魅力的街巷空间。再者，需要重塑滨水公共空间。滨水区域的功能需要与腹地的功能、对岸的联系相结合，进行组织与划分，促进滨水空间的渗透性与可达性，加强水滨的视线联系与对景，形成良好的公共活动网络。在此基础上，形成文化建筑、传统街区格局、传统节庆活动与特色

图例　　核心区 (25ha)　　　　保护区 (100ha)　　　控制区 (125ha)
皇宫及博物馆区域　　　核心区外围特色风貌保存较好区域　　　保护区外围需要环境整体协调的区域

1.金边皇宫　　　　　　　　　　　　　5.伦敦南岸艺术区的公共空间网络
2.皇宫周边区域的不利风貌　　　　　　6.金边城市肌理
3.20世纪以来金边城市建设的扩张　　　7.金边皇宫周边区域的公共空间网络建构
4.金边城市整体空间架构示意　　　　　8.皇宫周边区域规划控制分区建议

文化展示[3]等多层次的文化嵌入体系,构成本土历史文化的未来创新基石。

五、保护控制与设计导引

城市是不断成长与发展的事物,总是处于一定的历史文化情境和社会发展阶段,需要为所有市民提供丰富和多样性的生活,而市民、决策者、技术发展以及制度与政策因素都在城市发展进程中被关联和检验。金边近年发展计划建造九座卫星城,钻石岛卫星城、柬韩(CAMKO CITY)卫星城、金边国际新城、万谷湖开发区项目已经在建或初步成形。其中,万谷湖开发区项目已将万谷湖填埋过半。金边市许多自然形成的河湖洼地,也正在或已被陆续填土开发作为住宅区、旅游区和经济中心。柬韩卫星城和钻石岛这两个卫星城的共同特点则是国外资本参与建设,具有宏伟蓝图式的规划方式,建设推进快速化。这些大刀阔斧、完全由资本导引的新城建设模式,不仅仅造成自然历史要素的消逝,更在现实中引发了一系列的土地权属、住房拆迁方面的矛盾与问题。[4]此外,与当地老城区的建设相比,建筑往往缺乏本土特色,旧有肌理特征被抹平。与此同时,这些卫星城或新区的建设由于与当地人的生活习惯、传统居住方式的脱离,再加上配套设施尚未完成,造成购买和入住率

低,整体缺乏生气与活力。

深入来看,正是由于柬埔寨国家仍处于发展的起步阶段,建设资金匮乏,国际资本的施力、开发集团追求近期利益的要求就此高高地凌驾于城市保护更新的发展诉求之上,并利用这一阶段政府在振兴经济、改变形象等方面与其存在的一致性,迫使政府作出让步,进而操控资源配置、攫取超额利润。比如原来由于距离皇宫区域较近,为了控制整体风貌,新的酒店建筑规划控制为3层高度,后规划批准放宽到4层,但最后实际建成为25层的高层建筑。此另外,位于水净华区与皇宫对景的巨大尺度的高层建筑,已对皇宫区造成了事实上的风貌破坏。值得庆幸的是,今天柬埔寨也已开始日益增多地体察到获取话语权、对城市建设进行有效控制、促进更为长远发展的重要性,并希望借助于城市规划与设计手段来予以保障和促进。

相应地,结合《研究》,借鉴国内外好的历史建筑保护与制度方式,[5]论文提出以金边皇宫周边区域的保护更新为核心,通过保护控制与设计导引,来有效促进金边城市的魅力与活力提升。其一,分区保护控制。规划建议将皇宫区域划分核心区、保护区、控制区这三个层次的保护分区。不同分区确立各有侧重的保护控制原则,并对建筑、街区模式、开发导向等作出综合性的控制引导。其中最为紧迫的是拆除皇

宫周边破坏性的高层建筑,并对新建建筑的高度进行控制。其二,设计导则指引。面向"用地功能、建设控制、公共空间、历史风貌、更新引导"五个主要方面。其中,一些好的案例可以纳入进来做为参考。比如在历史风貌方面,强调历史建筑结构的保有,进行建筑功能更新。我国丽江就是对城市建筑结构和风貌进行了很好的保存,在震后按照原貌一砖一瓦进行恢复。当前其GDP的85%都来自于旅游收入。其三,将区域内建筑的更新分为三种类型:保护建筑更新、历史建筑更新、新建建筑的融入,进行保护更新的实施对接。

六、结论

金边之行的研究交流和思路探讨,得到了柬埔寨国土与建设部部长H.E. IMCHHUN LIM和柬埔寨皇家研究院院长H.E.DR.KHLOT THYDA的充分肯定,开启了"为金边打造特色文化、经济和绿色地区"计划的崭新篇章。在推进上,保护更新则更多地关联城市的发展阶段、文化要素、实际的社会经济与政治状况,并内含多元而复杂的城市活动,总结来看,金边皇宫周边区域发展的保护更新,构成承载城市新的功能集聚、经济增长与文化传承的关键所在,并在具体实施过程中应把握以下策略要点:(1)空间上:提

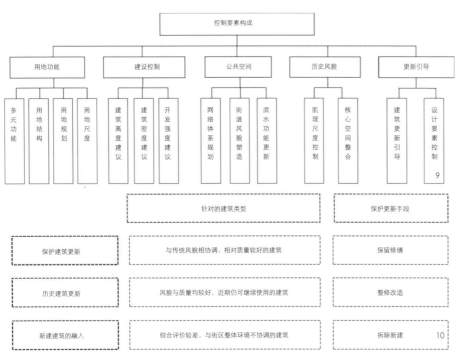

9.保护性的要素控制体系框架
10.三种建筑更新类型
11.金边北部新区柬韩卫星城
12-13.金边南部新区钻石岛

炼区域空间特征与风貌特色，梳理重要轴线与活动路径，促进形成城市整体的空间结构，促进慢行网络的联系，强化公共活动的联结；（2）文化上：强调文化价值的体现，梳理和保有具有代表性的历史文化建筑，重点打造滨水空间、街道广场空间，进而形成多层次的文化嵌入体系，促进文脉延续与文化创新；（3）政策上：落实于分区保护控制、设计导则指引、分类建筑更新等举措，以规划为手段，强调保护控制与引导的制度配合。从更深层次来考察，未来还应更多地着眼当地的公共设施、公共交通建设，并更深入地考察交通、市政、建筑、景观的多系统协调问题，以更具有实效地促进本土多方利益诉求的整合，促进适宜城市自身的保护更新体系的形成。

注释

[1] 可以发现，经历了1953年的国家独立，1975—1978年的红色高棉时期，1979年后的政党建立、联合治理、洪森时代，金边直到1990年代才迎来了正式发展。2008年柬埔寨第四届全国大选，以洪森为首相组选的新一届王国政府，终于未再出现像以往三届大选后那样的复杂局面，国内外投资参与柬埔寨重建和发展事业被进一步推动。柬埔寨近几十年的政治社会发展可谓跌宕起伏。

[2] 参见：《City Development Strategy 2005-2015, Phnom Penh》提出 "Phnom Penh will become the pearl of Asia"；《Land development and investment plan of Camko City》

提出 "Camko City is positioned as one of most international area in Southeast Asia"，等等。

[3] 金边城市容纳了高棉文明、吴哥文化，多元的宗教文化：佛教、印度教、伊斯兰教，河流水源文化等；每年都会欢度柬埔寨新年、御耕节、送水节等传统节日，是国家非物质文化遗产的重要组成部分。

[4] 根据柬埔寨人权中心发布的一份《2007—2011年柬埔寨土地纠纷统计报告》显示，4年来，柬埔寨全国一共发生223起土地纠纷案，涉案的纠纷面积达国土面积的5%，受到影响的人数为76万人，其中金边最为严重，占所有纠纷的10%。参见：金边万谷湖开发拆迁纠纷：不该卷入的风波.2011.

[5] 例如，英国、美国的历史建筑登录制度，上海制定相关条例和划定保护区、进行历史建筑保护管理分类，日本强调立法保障和政策支持，等等。

参考文献

[1] [美]西德尼·尚伯格著. 宋伟详. 战火之外[M]. 西安: 陕西师范大学出版总社有限公司, 2012: 4 - 5.

[2] [柬]蔡速卜, 著. 武传兵, 详. 首相洪森: 柬埔寨政治与权力40年[M]. 北京: 当代世界出版社, 2013.

[3] 金边皇宫周边区域保护更新规划研究[Z]. 2014.

[4] 莫霞. 冲突视野下可持续城市设计本土策略研究: 以上海为例[D]. 同济大学博士论文, 2013: 96.

[5] 参见: 金边万谷湖开发拆迁纠纷:不该卷入的风波[DB/OL]. 来源: 人民日报. http://house.china.com.cn/Specialreport/view/

432361-4.htm . 2011 - 8 - 29.

[6] 张松. 历史城市保护学导论: 文化遗产和历史环境保护的一种整体性方法[M]. 上海科学技术出版社, 2003: 219.

[7] 上海现代设计集团一行拜访王家研究院: 计划为金边打造特色文化、经济和绿色地区[N]. 高棉日报, 2014 - 04 - 23.A5.

作者简介

莫 霞, 华东建筑设计研究院有限公司规划建筑设计院, 博士, 高级工程师；

王慧莹, 华东建筑设计研究院有限公司规划建筑设计院, 工程师；

黄 逸, 华东建筑设计研究院有限公司规划建筑设计院, 高级工程师。